JN143927

口絵1 植物に見られる連なりらせん数.
　　　（上）ヒマワリの小花,
　　　（中）サボテンのトゲ,
　　　（下）松カサとパイナップル（p.9）

 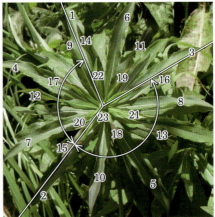

ハクサイ　　　　　　　　　　セイタカアワダチソウ

口絵2　身近ならせん葉序の開度観測（p.21）

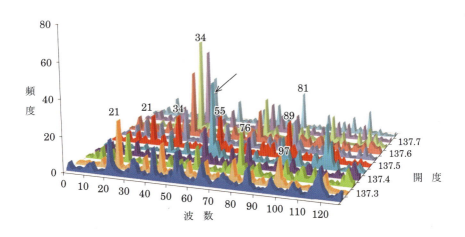

口絵3　開度に応じた充填図をフーリエ変換して現れた連なり数．
　　　矢印は開度が137.45°の場合のピークを示す（p.35）

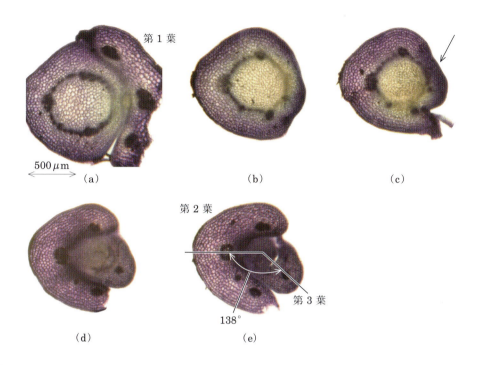

口絵 4 スライスしたキャベツの茎での第 1 葉から第 3 葉までの組織観測．矢印は第 3 葉になる維管束（p.45）

口絵 5 ロマネスコに見られる自己相似構造（p.64）

口絵6 左上の元画像を任意の画素数の適当な大きさの円で表示した画像（パイン配置，p.78）

元画像(374519画素)　　9973点　　10000点

口絵7 平面画像のヒマワリ配置での画素数が異なる場合の表示(中央と右)(p.79)

元画像　　ヒマワリ配置での表示　　半球面での表示

口絵8 平面画像のヒマワリ配置での表示(中央)と球面への投影(右)(p.81)

口絵9 光の干渉.(左)回折格子を通して見た蛍光灯,(右)夕方の主虹と副虹(p.87)

口絵 10 元画像（深谷駅）のヒマワリ配置でのサンプリングとその表示（p.92）

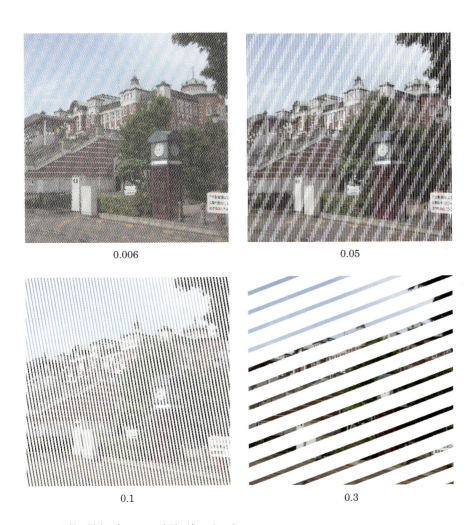

口絵11 分散の偏差の違いによる表示の違い（p.99）

|10 %|20 %|
|40 %|70 %|

口絵 12 元画像（深谷駅）の時間に伴う表示，増分は 95483，表示は 2 × 2 画素（p.100）

ひまわりの
黄金比

形の科学への入門

根岸利一郎●著

日本評論社

まえがき

　本書は形の科学会などで発表した内容を元に，自然界の「形」への入り口を何にするか，それをどう展開するかをまとめることから始まった．黄金比が自然界に散見されるのには理由があり，それを応用できるに違いないと確信してから細々と始めた資料集めと研究はいつしか発表するまでに成長した．探求の過程で得たことに，科学こそ次時代を生き抜く指針であり，誰でも科学の発展に寄与できるという思いがある．対象を調べ，わかっていること，結果を検討することで，本書を形にしていった．

　第 I 部では，身近なヒマワリの観察からはじめ，豊かな自然の中にある「形」を数量化することによって科学にすることに力点を置いた．ヒマワリの種はらせん状に連なって表面を埋め尽くす．ヒマワリの種以外にも，パイナップルの鱗片，サボテンのトゲや松カサなど，身の回りにはらせんを想起する生き物が多い．これらを手掛かりにらせんの連なりの数え方，ハクサイの葉の付き方 (葉序と開度) をたどって，そこに現れる黄金比，フィボナッチ数列，エントロピーの話へと続く．第 II 部では，ヒマワリやパイナップルのらせん構成点を画素に利用する方法や，モアレ縞対策，自己相似矩形の折り方など，応用的な話題を集めた．また，コラムには関連のある内容をおさめた．なお，本文中の [ ] を付けた番号は，巻末の参考文献に対応している．本書執筆のために利用した Java プログラム等は Web ページからダウンロードできる (https://www.nippyo.co.jp/shop/book/7089.html)．

　「形にする」とは対象をまとめること，「らせんの形にする」とは対象を数量化してらせんという一定の概念でひとくくりにすることである．その概念をひとくくりにするまとめの過程で不足している点，解決すべき問題点が明確になる．その問題点を解決する過程がなぞの解明であり，発見に至る道である．ここにまとめの効用がある．ここでの一定の概念とは連なりらせんを通して黄金比へと続く横の広がりであり，分析的科学とは異なる形の科学としての調和の概念である．

まとめるとは「形にする」ことであり，そのような科学は"形学(かたちがく)"とも言える．

本書では，豊かな自然の中の形を数量化することによって科学の理解に寄与することを目的とした．「ここまでは分かっているけれども，ここから先は分かっていない」という科学的態度を実践することによって，誰でも科学の発見に参加できる．人は体験や読書などを通して「わかる」を日々経験している．それらはどんなに小さくてもそれぞれの人にとって大切な発見であり，その経験が多く，その時間の濃い人ほど豊かな時間を持てるに違いない．本書を通して読者にも発見を経験してもらえれば幸いである．

この仕事は埼玉工業大学・先端科学研究所での客員研究員の職務に浴することで大きく進みました．その身分の受け入れをしていただいた内田研究室に感謝します．また，その職務遂行の許可をしていただいた先端科学研究所と智香寺学園に謝意を表します．文章全般では大学の関口久美子氏に検討と批評を，また高畑一夫氏には個々の分野でのコメントをいただきました．なお，困難な編集にあたっては日本評論社の筧裕子氏にたいへんお世話になりました．

2016年3月

根岸利一郎

目次

まえがき ― i

第 I 部
らせんを科学する ― 1

- 第1章 らせんのある風景 ― 3
- 第2章 ヒマワリの種の連なりらせん ― 12
- 第3章 らせん葉序の開度はなぜ一定か ― 20
- 第4章 パイナップルの連なりらせん ― 25
- 第5章 連なりらせん数をまちがいなく数える ― 33
- 第6章 らせん葉序の向きは生まれながらか ― 38
- 第7章 黄金比は自然らしい表現 ― 47

第 II 部
らせんを応用する ― 55

- 第8章 三陸海岸の複雑さを測る ― 57
- 第9章 折り紙で作るフラクタル矩形 ― 66
- 第10章 らせん構成点の画素への利用 ― 76
- 第11章 モアレ縞を防ぐ ― 82
- 第12章 矩形内の一様サンプリング ― 88
- 第13章 画像の視認を速める ― 93
- 第14章 らせん構成点を使って区分和を求める ― 103

補足 A　連なりらせんの点を Excel で描く ———— 111

補足 B　開度の分散が最小になる条件 ———— 116

補足 C　連なりらせん数の計数法 ———— 120

補足 D　でたらめさから生まれる黄金比 ———— 124

補足 E　流れ構造の法則 ———— 126

補足 F　折り紙で作る自己相似矩形 ———— 128

補足 G　球面への投影 ———— 132

補足 H　くい違い度による一様性の評価 ———— 134

補足 I　素数による画素分散 ———— 136

補足 J　フィボナッチ格子を使った数値積分 ———— 139

あとがき ———— 142

参考文献 ———— 144

索引 ———— 148

第 I 部

らせんを科学する

第1章
らせんのある風景

1.1　花びらのなぞ

　11月になると関東の武蔵野でも木々の葉が落ち，紅葉も見ごろになる．散歩に出るとすぐ，秋だというのに木に白いものが付いているのに気づく．サクラが咲いている．このサクラは冬に咲くヒマラヤザクラや寒桜ではなく，暖かくなる春と涼しくなって葉が落ちる秋の2回咲くアーコレードだ．日本の春にサクラはなくてはならないが，春だけでなく7月から9月の暑さの厳しい季節を除いてほとんど一年中見ることができる．

　4月に咲くソメイヨシノの花びらを数えると5枚ある．そして，モモもウメも花びらが5枚ある．種によって花びらの枚数に違いがあるだろうか．身の回りにあるよく知られた花を観察してみよう．紫ツユクサは3枚の花弁(花びら)が

図 1.1　4月のさくら(左：ソメイヨシノ)と11月にも咲くさくら(右：アーコレード)

図 1.2　花びらの枚数

正三角形の頂点にはまるように咲く．サクラは花弁が正五角形を形成し，コスモスは 8 枚である．矢車草は 13 枚，ゴールドコインは 21 枚前後，マツバギクは 34 枚前後がそれぞれ多く，そしてガーベラの多くは 55 枚を中心に 50 枚から 60 枚くらいである (図 1.2)．

花びらの枚数はたとえサクラであっても突然変異で 4 枚になったりもする．ツツジは 5 枚だが，合弁花なので一つに見える．アヤメやユリは 6 枚に見えて 3 枚と 3 枚が重なって咲き，キーウィは 4 枚である．ほかにも植物図鑑に多くの種類が紹介されている[1]．矢車草は 13 枚が最も多いが，12 枚や 14 枚も比較的多く混じる．5 月の道端に咲く鮮やかな黄色の金鶏草は基本が 8 枚であるが，9 枚から 12 枚にかけてさまざまなものが見られる．そしてヒマワリもまた花びらの枚数は一定しない．なお，ヒマワリ，コスモス，金鶏草などは周辺に舌状花があって内側に管状花がある (図 1.3)．その管状の小花は 5 枚の花びらで構成されているが舌状花の枚数との関係はわかっていない．西山によれば，花弁の枚数は表 1.1 のようになっていて，5 枚が圧倒的に多い[2, p.78]．その理由は，フラーレンのように 5 角形の周囲に 6 角形が並ぶと球面を構成するのに都合がよいからだという．花びらとそれぞれを構成する植物組織とはどのような関係になっているだろうか．大きななぞがある．

表 1.1　花びらの枚数と種類, 弁数 0 はマツなどの裸子植物

弁数	0	1	2	3	4	5	6	多弁	不明	計
科数	38	2	6	13	38	84	24	7	7	219
約分率 (%)	17.4	0.9	2.7	5.9	17.4	38.4	11.0	3.2	3.2	100

図 1.3　コスモスの花. 右下は管状花の拡大図

1.2　らせんの形

　庭の芝生に共生するネジバナは右ネジのように先端に向かって巻いて成長するものや，反対に左ネジのように巻くものがある (図 1.4 左上)．郡場が一万本以上を調べた結果では花全体としての左右の巻き方の比はほぼ 1 : 1 である[3]．
　夏の花の代表として人気のあるヒマワリは，その花の表面に多数ある小花がらせん状に連なり，ぎっしり詰まって咲く．松カサに実った松の実が飛ばされた後，枯れて地表に落ちたものである．その松カサの鱗片一枚一枚はらせん状に連なっている．パイナップルの果実にある鱗片も，そしてサボテンのトゲもらせん状に連なる．らせんをもつ生き物としてすぐに思い浮かぶカタツムリは右側を中心にして右巻きに成長していく種が圧倒的に多く[4]，それを食するヘビも顎が特有に進化しているという．淡水に住むタニシや海水に生活する巻貝もまたらせんを形成する．
　図 1.5 はタバコモザイクウイルスであり，自己集合で大型の構造ができるものとして最初に発見された[5]．らせんは自己集合するのに都合がよく，RNA 分子

ネジバナ　　　　　　ヒマワリの小花

松カサの鱗片　　　　パイナップルの鱗片

サボテンのトゲ　　　　カタツムリ

図 1.4　身近な自然のらせん

図 1.5　タバコモザイクウイルスの電子顕微鏡像 (左) とそのモデルらせん (右) (Republished with permission of Garland Science - Books, from Alberts, B., *et al.*, *Molecular biology of the cell*, fifth edition (2007), p.150; permission conveyed through Copyright Clearance Center, Inc.)

図 1.6　DNA

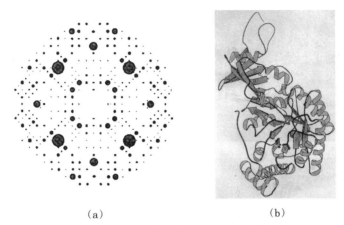

図 1.7　RuBisCO の X 線回折像 (左) とその解析結果による構造モデル (右) (Brändén, C. I., Lindqvist, Y. and Schneider, G., *Acta Cryst.*, **B47**, pp.824–835 (1991). Reproduced with permission of the International Union of Crystallography)

を芯にしてそのまわりにタンパク質が筒状に並んだらせん構造で空間を埋めている．

　ほかにも，よく知られているらせんに DNA の二重らせんがある．ワトソンとクリックは結晶を使った X 線回折などのデータを元にこの構造を提唱した [8] (図1.6)．図 1.7 は炭素固定反応に寄与することで知られ，「地球上で最も多量に存在するタンパク質」のリブロースビスリン酸カルボキシラーゼ (RuBisCO) の X 線回折像とその解析結果による構造モデルである [6]．多数の X 線回折データから初めてタンパク質のらせん構造を明らかにした画期的な解析結果である．以後，この結果はタンパク質が折りたたみで構成されている構造およびその機能を理解するうえでたいへん役立つようになる．このようなタンパク質の究明には，分子量が数千から数億まであるタンパク質構造の特定がカギを握っている．この構造特定のための X 線回折にはこれまで一定の大きさの結晶がないと測定できない

図 1.8 大村の発見した放線菌,ストレプトミセス・エバミティリス (© 2002–2016 The Society for Actinomycetes Japan, H. Ikeda & S. Omura, http://www.actino.jp/DigitalAtlas/subwin.cgi?target=8-5)

という根本的問題があったが,最近の藤田らによる「結晶スポンジ法」は対象が μg (マイクログラム) オーダーで,しかも液体でも解析可能という画期的なものである [9].

2015 年のノーベル生理学・医学賞は大村智氏に贈られた.彼の発見した放線菌,ストレプトミセス・エバミティリスはらせん状になっている (図 1.8) [10].このように,らせんは生物たちの成長に深く関わっている.

1.3 連なりらせん

ヒマワリの花は,種がらせん状に連なっている.これを「連なりらせん」という.それぞれの植物の連なりらせんは 2 章以降で扱うが,ここで全体を見ておこう.図 1.9 上のヒマワリの場合,小花の連なりらせん数を外側の円周に沿って白い実線のように数えると 55 本と 89 本が数えられる.これを 55/89 と書く.同じヒマワリでも内側の一周では白い点線のように 34/55 になり,外側とは異なる.サボテンのトゲやパイナップルの鱗片も表面を線状に連なって覆う.図 1.9 中央左のサボテンのトゲの連なり数を数えると 5/8 であり,その右は 6/10 になっている.図 1.9 下の松カサの鱗片の連なり数を一周して数えると 5/8 であり,パイナップル鱗片は 8/13 になる.これらの連なり数は Parastichies number とも言

ヒマワリの小花

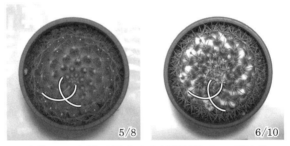

サボテンのトゲの連なりらせん数は種によって異なる

松カサ　　　　　　パイナップル

図 **1.9**　植物に見られる連なりらせん数 (口絵 1 参照)

第 1 章　らせんのある風景　　9

われ，秩序をつかさどる数の意味で使われる[11]．

　注目すべきはこれら連なりらせんの数である．上に出てきたなかで6/10を除いた数すべてがフィボナッチ数列[1)]のどれかになっていることである．6/10も両数値を2で割れば3/5で分母分子ともにフィボナッチ数になる．連なり数はこのほかにルカ数列[2)]も知られている．ルカ数列もまた広義のフィボナッチ数列[3)]であること，また，一般のフィボナッチ数列はいくつでも作れること，これらを考えると多くの植物にはその成長の仕組みや大きさに対応する固有のフィボナッチ数がありそうである．その一般フィボナッチ数列の隣同士の比は数が大きくなるに従って黄金比 φ 1.618033··· に近づくことが知られている．

　人々を魅了し続けるフィボナッチ数だが，すでにフィボナッチ協会が1963年以来，組織的な活動を続けている[4)]．公式Webサイトには，特徴を体現した星印と黄金長方形が掲載されている．また，日本フィボナッチ協会は中村滋氏を中心に活動が開始され，すでに12回の研究集会が行われている．

1.4　らせんと秩序

　7月から8月にかけて一面に白い花をつけるヒメイワダレソウは茎を延ばしてはびこり，他の草の繁殖を妨げる．この何気ない自然の風景は一見乱雑に見える．だが，その風景を構成する植物たち，たとえばシンテッポウユリやシロツメクサは競って育ち，誰が見てもわかる特徴のある姿に成長する．飛び交うミツバチも誰もが知っている形の生き物である．これら植物・動物を含む風景はどれほど乱雑に見えようが，秩序を保つ個々の生き物と無秩序な空気や砂などの物質で構成され，複雑さの中に秩序が内包されている．そして，それら個々の生き物を構成するすべての元素の同量を一か所に集めてもその秩序は自動的に作られるものではない．その秩序の形成にはエネルギーの働きが必要であり，その秩序の解明には細胞が作られるミクロな機構や細胞と細胞の関係を司る遺伝子の働きを明らかにする必要がある．

[1)] フィボナッチ数列：1　1　2　3　5　8　13　21　34　55　89　144　233　377　···
[2)] ルカ数列：1　3　4　7　11　18　29　47　76　123　199　322　521　···
[3)] 一般フィボナッチ数列の例：2　5　7　12　19　31　50　81　131　212　343　···
[4)] フィボナッチ協会：http://www.mathstat.dal.ca/fibonacci/

シロツメクサとヒメイワダレソウ

シンテッポウユリ　　　　　ミツバチ

図 1.10　自然の中の秩序

　他方，自己組織化されたらせん構造ではタバコモザイクウイルスが最初に発見されたが，今ではらせん構造のカーボンナノチューブや高分子ポリマーなどの材料も多数検討されている[12]．結晶成長ではその過程に付きものであるらせん転位を理解して制御することなしに品質を向上させることはできない[13]．また，最近の情報分野では記憶素子に関するらせん磁気秩序が実空間で直接観測され，磁性材料として有望視されている[14]．

　また，西川はX線回折による結晶構造解析に230種類ある空間群を利用してはじめてスピネルの構造を決定した[15, 16, 17]．らせん構造はその空間群の中の重要な位置を占めているため，自己組織化とらせん構造の関係解明にはらせん対称性の理解が欠かせないだろう．

第2章
ヒマワリの種の連なりらせん

　被子植物で北アメリカが原産とされるヒマワリはキク科の特徴である小花の集まった花をつける．図 2.1 は著者が撮影したヒマワリであるが，頂上の大きな頭状花の他に途中の葉の付け根部分から枝分かれしたそれぞれの枝先にも花がある．枝先に付いた咲き始めの花の表面は小花で埋め尽くされる．よく見ると小花はらせん状に連なって咲く不思議な構造をしている．では，その連なっているらせんの数を数えよう．

　ほぼ同じ大きさの花 4 種類をデジカメで記録して印刷し，小花の数えやすい並びの連なりを "連なりらせん" として白線でなぞる (図 2.1)．その白い線を矢印方向に周辺に沿って時計回りに数えると 34 本ある．隣の花も同じように数えると 34 本．その次とその次の花は数えやすいので反時計方向に数えると不思議なことに同じ 34 本である．それぞれの花の逆方向も数えてみたが，途中で曲線が不明瞭になる花もあり，右下の花だけが 21 本と数えられた．

　"ロシアヒマワリ" は畑に播くと夏には花の直径が 30 cm にもなる．実の熟す 8 月，いくつかを回収し，小花をていねいに払って種子が見えるように机上に置いてデジカメで撮る (図 2.2)．比較的小さい直径 25 cm の左側のヒマワリも種がらせん状に並んでいる．紙に印刷し，その連なりらせんに白線で目印をつけ，花の周辺部に沿って一周して数える．すると，その数は 55 本ある．反対方向も同じように数えると 89 本である．これを図には 55/89 と書く．図 2.2 右の最も大きい直径 30 cm の花は，一方向を数えると 89 本，反対方向は 144 本である．小さい花の大きいらせん数と大きい花の小さいらせん数に同じ 89 本がある．なぜ同じ数が出てくるのか？　55 本の次が 89 本，その次が 144 本で，その中間はな

図 2.1　枝先に咲くヒマワリの連なりらせん数

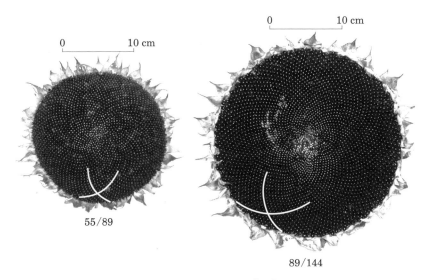

図 2.2　ロシアヒマワリの連なりらせん

ぜないのだろう？　この 21, 34, 55, 89, 144 はフィボナッチ数列の一部になっている．他のヒマワリも同じだろうか．別のロシアヒマワリの 21 輪を調べてみた．すると，そのうち 12 輪は両方向ともこれらの数値のどれかであった．6 輪は一方がフィボナッチ数であったが，他方はこの数値から ±1 違っていた．残り 3 輪については一方が ±1 の違いで数えられたが，逆方向は 2 以上の違いがあり，最も大きいものは 8 も違っていた．これらは途中でらせんが分かれるなどでフィボナッチ数列からはずれる場合である．調べた 21 輪のうち，29%の 12 輪がフィボナッチ数ではないが，±1 のずれも許容すれば 93%はフィボナッチ数である．

連なりらせん数はなぜこのような数値になるか？　この「なぜ」の答えを見つけると一つの発見が期待できる．その発見は "どんなに小さくても，またたとえ他の人にはよく知られたことであっても，自分で発見した事実は，かわいい"[18] という山本の意見に同意する．ここでのなぜはとっておくことにし，まずはらせんを真似ることにしよう．

2.1　ヒマワリらせんを真似る

種の位置を円座標で表示するために，動径 r と偏角 θ を決める．ヒマワリの花が円盤状に成長し，茎からの養分流入量 n が一定の厚さ d の円盤状に成長して半径 r になったとすれば，その花の体積 $d\pi r^2$ は流入量 n に等しい．だから，もし厚さが成長に伴って変化しないなら，半径 r は $n^{1/2}$ に比例する．ヒマワリの種を点として描く場合，その最初の位置は，この比例定数を 1 とすれば中心か

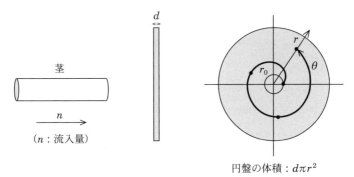

図 2.3　養分流入量が円盤状に広がると想定したモデル

らの距離が $r_1 = 1^{1/2}$，円の中心から見た種と種の間の中心角である開度を ϕ とすれば偏角 θ が ϕ の位置に決まる．だから，その位置は $(1^{1/2}, \phi)$ になる．2番目の点は $(2^{1/2}, 2\phi)$，その次は $(3^{1/2}, 3\phi)$，$\cdots$，そして n 番目は $(n^{1/2}, n\phi)$ となる．実際のヒマワリの種が n 個付くなら，最初に生まれるのがこの n 番目であり，最後が1番目であって上で見た順番とは逆になる．逆でも位置の描画結果は変わらないので簡単のためにこの表記にしてある．ϕ としては円周 360° を黄金比 τ に分割する角度として $360° \times (1 - 1/\tau) = 137.50\cdots°$ が多く使われる．この角度は黄金角 (フィボナッチ角とも言う) と呼ばれる．ここでもこの角度から始めてみよう．たとえば，n を 200, 1000, 2000, 5000 としてそれぞれを描くと図 2.4 のようにほぼ一様に充填[1])される．ヒマワリでは種のできる花の原基が頭状花中央の微小半径 r_0 周辺に順に出来て成長するが，ここでは簡単のためにこの r_0 を無視している．Excel を使って描けるので，補足 A や文献 [19] を参照してほしい．

　描画した各点はらせん状に連なっているので，数えやすい連なりの本数を周辺部に沿って数える．$n = 200$ のときは 21 本と 34 本が目立つ，これを 21/34 と書こう．n が 1000 では 34 本と 55 本が目立つが，よく見ると 21 本も見える．だから 21/34/55 となり，この連なりらせんの本数 21/34 はこの章の冒頭で数えた枝に咲く小さなヒマワリのらせん数に一致する．同様に 2000 では 55/89/144 となり，直径 25 cm の頭状花での連なりらせん数と見事に一致する！　このように，連なりらせん数がフィボナッチ数になるのは順に種が付く充填の特徴と言える．そして n が 5000 でのらせん数は 89/144/233 となる．もしも，バイオ技術によりヒマワリの巨大化が実現すれば，このようならせん数のヒマワリが咲くにちがいない．

2.2　円に点を充填する

　ヒマワリの頭状花の多くは平らではなく凹面や凸面に湾曲している場合が多い．そこで形一般を想定するために前節の n を n^p とし，p の変化による充填の

---

[1]) 「充填」は平面での並びに隙間を許す並び方．ちなみに「敷き詰め」は隙間がなく，「被覆」は重なりを許す [20]．

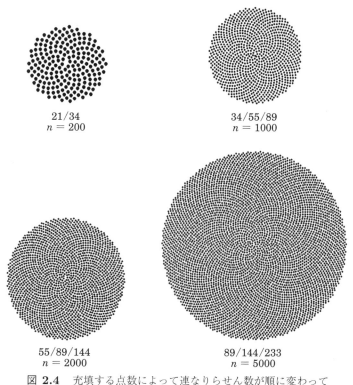

図 **2.4** 充填する点数によって連なりらせん数が順に変わっていく様子

様子を調べることにしよう．1000 点充填で p が 0.5 のときは平面上での点分布がほぼ一様になるが，それよりも小さい 0.25 だと中心が疎で周辺が密になる (図 2.5)．p が 0.5 よりも大きく 1 や 5 になった場合は中心が密になって周辺が疎となり，目立つ連なりらせん数もそれぞれ 34/55, 21/34 と少なくなる．p を 0.5 とし n を 201 から 1200 まで描くとドーナッツ状に一様に充填され，図 2.5 左下のようになる．図 2.5 下中央は p を負とした充填である．その右は上の方法を応用して球面上に充填させた様子であり，10 章で扱う．

開度 ϕ が黄金角 (137.50 $\cdots$) と異なる場合はどうなるか．137.35° と 137.66° を使って 400 点を充填して観察する (図 2.6)．黄金角との差はたかだか 0.15°，率にして 0.1％しか違わないが結果は劇的に変化する．137.35° では，中央付近の

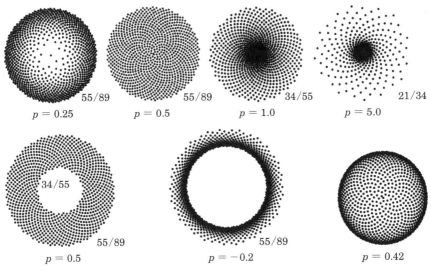

図 **2.5** ベキ乗 p によって大きく変化する充填の様子

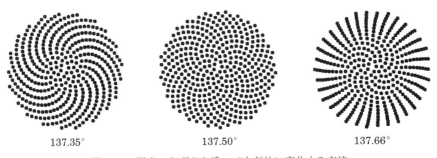

図 **2.6** 開度のわずかな違いでも劇的に変化する充填

50個くらいは均等にみえるが,それよりも外側では一方向の21本の連なりだけが顕著になる.他方,137.66°では放射状に伸びる34本の連なりが著しくなる.実在のヒマワリの種にはこのような隙間はできない.このためヒマワリの種のらせんを開度を使って真似る方法は角度が黄金角に近い狭い範囲でのみ有効である.

2.3 サボテンのトゲの連なりらせん

フィボナッチ数はウサギのつがいの問題として知られている．その決まりは次のようなものである．「ある人が壁で囲まれた場所に1つがいの親ウサギを入れる．1年間に何つがいのウサギが増えるだろうか？ ただし，どのつがいも生まれて2か月目から毎月1つがいのウサギを生むものとする」[22]．

この結果，つがいの数は1年間に144となってそれ以後急速に増え続け，

1 1 2 3 5 8 13 21 34 55 89 144 233 377 610 987 1597

$\cdots \; : F_n$

と続くフィボナッチ数列となる．これは該当項がその一つ前の項とそのまた一つ前の項を加えた数になるという手順でも求められる．ヒマワリに現れた小花や種の連なりらせん数やシミュレーションで得られた 21, 34, 55, 89, 144, 233 はこの数列の一部である．そのため，これらのらせんは「フィボナッチらせん」と呼ばれることもある．ウサギとヒマワリの間には生物という以外のつながりはないように思われるが，うさぎのつがいの増加数とヒマワリの種の連なりらせん数が同じフィボナッチ数になるという結果は実に興味深い．これが，多くの人々がこのフィボナッチ数に魅かれる理由でもある．

円形に成長する植物の形で連なりらせんがあれば何でもフィボナッチ数になるのかというとそういうわけではない．葉の変化したトゲを持ち円形に成長する図2.7左のサボテンでは，トゲの連なりらせん数がどちらの方向から数えても5本だが，放射状の畝の数は11になっている．この他にも，葉やトゲの連なりらせんが 4/7, 11/18 のルカ数になるものなども多くあり，生物界は多様である[2)]．

図2.7中央のサボテンのトゲの連なりらせん数は 6/10 であり，右はどちらの方向も15でフィボナッチ数でもルカ数でもない．しかし，第1項と第2項を2，および3にして同じ手順で数字を並べれば，それぞれ

2 2 4 6 10 16 26 42 68 110 178 288 466 754 $\cdots \; : G_{n1}$

$= 2 \times ($ 1 1 2 3 5 8 13 21 34 55 89 144 233 377 $\cdots \; : F_n)$

[2)] Knott, R. : http://www.maths.surrey.ac.uk/hosted-sites/R.Knott/Fibonacci/fibnat.html

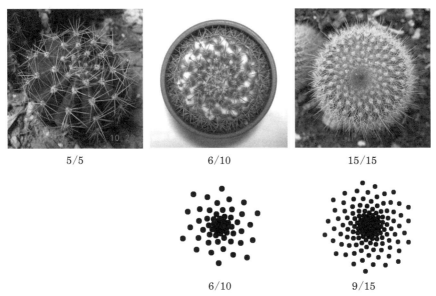

図 **2.7** サボテンのトゲの連なりらせん数 (上) とシミュレーションによる連なり数 (下)

および

$$
\begin{array}{l}
3 \quad 3 \quad 6 \quad 9 \quad 15 \quad 24 \quad 39 \quad 63 \quad 102 \quad 165 \quad 267 \quad 432 \quad 699 \quad 1131 \quad \cdots : G_{n2}\\
= 3 \times (1 \quad 1 \quad 2 \quad 3 \quad 5 \quad 8 \quad 13 \quad 21 \quad 34 \quad 55 \quad 89 \quad 144 \quad 233 \quad 377 \quad \cdots : F_n)
\end{array}
$$

となり，フィボナッチ数列の 2 倍と 3 倍に等しい．このことから，$2 \times F_n$ の場合の開度を $137.5/2 = 68.75°$ で 2 枚の葉が同時に付くとし，$3 \times F_n$ の場合は $137.5/3 = 45.83°$ の開度で 3 枚同時に付くようにして，それぞれを $p=2$ としてヒマワリらせんを真似る方法で点を表示すると，それぞれ図 2.7 下の充填図になる．中央下の連なりらせん数は 6/10 となってサボテンのトゲの連なりらせん数と同じになる．他方，充填図右の連なりらせん数は 9/15 となり，片側であるが 15 の連なりらせん数が実現する．上と同じ手順で，第 1 項と第 2 項を適当な数値に選ぶことにより，一般的なフィボナッチ数列は他にいくらでも作れる．

第3章

らせん葉序の開度はなぜ一定か

　前章では，ヒマワリの種の連なりらせんを真似て，n 番目の点とその次の点のなす中心角としての開度が黄金角付近でのみ一様に充填することがわかった．では，開度によって葉の秩序が説明されるらせん葉序はどうなっているだろうか．

3.1　ハクサイの葉の開度を調べる

　手に入り易い植物からのヒントを探してみよう．身近でいつもお世話になっているハクサイ，キャベツ，ブロッコリー，レタス，大根などはらせん状に葉を順に付けるらせん葉序なので都合が良い．ある程度成長したハクサイをデジカメで記録して印刷する．その印刷画像を持ってハクサイの隣にかがみ，途中の葉の付く順を確認して相当する画像に番号を付ける (図 3.1 上左)．持ち帰って机上に広げ，葉1の白い葉脈に沿って中心から線を引く，次の葉2の葉脈も同じように線を引き，2葉間の開度を分度器で測る．葉2と3の間も同様に開度を測り，順に測って記録する．葉は途中で曲がったりして角度変化が大きいが，測定数を多くすれば，期待値の精度は良くなるはずである．
　5株のハクサイについて調べる．まず1株目は，葉1と2の間は 131°，葉2と3の間は 151°，次は 117°，その次から 164°，140°，131°，136°，141°，157°，118°，136°，119°，149° と測定できた．これを平均すると 137.7° になる．同じように2株目以降のハクサイの平均開度が 137.8°，138.3°，136.7°，138.0° と求まる．それぞれの株の開度平均についての5株の平均をとると 137.7° になる．なかにはうまく数えられない株もあるがここでは省いた．キャベツは，10 株平

図 3.1　身近ならせん葉序の開度 (口絵 2 参照)

均で 137.5°，ブロッコリーは 10 株平均で 137.4° である．レタスと大根も調べてみるが，葉の付く順番をうまく決められない．

他方，野生植物では，北アメリカ原産で繁殖力が高く，秋に黄色い花で目立つセイタカアワダチソウを調べる (図 3.1 上右)．この葉は密集しているので一枚一枚を取り除きながら番号を付ける．最初の株の葉 1 から 23 までのそれぞれの順に測った開度平均は 137.8°，6 株平均で 137.3° である．これらの調査をまとめ

第 3 章　らせん葉序の開度はなぜ一定か　　21

表 3.1 身近ならせん葉序の開度の例

品種	ハクサイ	キャベツ	ブロッコリー	セイタカアワダチソウ
開度平均	137.7°	137.5°	137.4°	137.3°
調査数	5 株	10 株	10 株	6 株
開度の偏差 (ばらつき)	±0.8°	±3.5°	±2.7°	±2.6°
葉の付く方向 (時計/反時計 (株数))	2/3	5/5	4/6	3/3

ると表 3.1 になる．

これらの平均開度はばらつきが大きく，最も大きなキャベツでは ±3.5° もある．しかし，彼らはこの開度で次々に葉を付け，それぞれの葉の互いに重なる部分が少なくなっている．らせん葉序の開度を ϕ で代表させることにすると，この調査から「その開度 ϕ」は測定平均から 137.5° と求まる．

3.2 開度 ϕ による葉の重なり

「開度 ϕ」によって葉の重なりがどう変化するか．それを確かめるために円周上をいくつかの任意角度で順に刻んでみよう．開度 ϕ は 137° と 138° の中間に予想されるので，有理数の開度として 136°, 137°, 138°, 139° をとり，無理数の開度として，$\sqrt{2}$ を使って $360° \times (1 - 1/\sqrt{2})$ から $105.44\cdots°$，同じ方法で $\sqrt{3}$

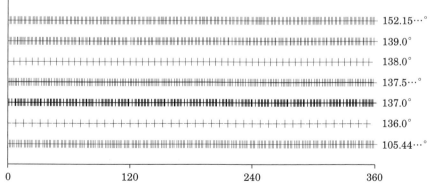

図 3.2 開度によって異なる葉のばらつき

表 3.2　開度による葉のばらつきの程度

開度 (°)		105.44	137.0	137.5···	139.0	152.15
角度差の標準偏差	10 点	0.69	0.78	0.51	0.87	0.80
	100 点	0.68	0.78	0.59	0.87	0.83
	200 点	0.68	0.79	0.58	0.86	0.83

から 152.15···°，そして $\sqrt{2}$ と $\sqrt{3}$ の中間の黄金比 ($\tau = 1.618\cdots$) から同様にして 137.5···° をとる．円周 360° を横軸にとり，それぞれの開度で順に刻んだ位置が 0°〜360° の間のどこに位置するかを 200 点まで描画した (図 3.2)．136° と 138° の描画結果の点数が 200 点に満たないのは点が重なってしまったためである．

有理数の開度で刻む場合，何周かすればその点はいつか必ず重なるが，無理数の開度ならば重ならない．ただし，137° や 139° であっても 200 枚であれば約数がないので重なりはない．それにもかかわらず，ハクサイの示す開度は 137° と 138° の間の特別な角度を示唆する．それはなぜか？　ここに大きななぞがある．

図 3.2 を一見しただけでは有理数の開度と無理数の開度とによる点のばらつきの違いが区別できない．そこで，描画した結果について，1 点を示す角度と隣り合う点の角度との間の角度差のばらつきの程度，つまり分散の程度を調べてみる．表 3.2 に示した 5 種類の刻み開度について，刻む点数を適当に 10 点, 100 点, 200 点と選んで描画し，得られた点の間の角度差の標準偏差を求めて比較した．その結果，137.5···° の標準偏差が 0.51〜0.58 の間に入ったのに対し，それ以外の開度で得られた標準偏差は 0.6〜0.9 となり系統的に大きな差が見られた．これは開度 ϕ として 137.5···° を保って葉が出れば枚数に関係なくいつでもうまく散らばり，重なりにくくなることになることを意味する．

では，黄金角と少しだけ異なる無理数の開度の場合もうまく分散するだろうか．そこで $(1+\sqrt{4.99})/2$ と $(1+\sqrt{5.01})/2$ から得られる開度 137.35···° と 137.66···° について 200 点描画の点分布を調べたのが第 2 章の図 2.6 である．図の充填の一様性からも直感でわかることだが，この場合の隣り合う角度差の標準偏差は，それぞれ 0.93 と 2.88 となり黄金角の標準偏差 0.58 に比べてかなり大きい．黄金角に近い角度だからといってうまく分散するわけではないことにな

る．この結果は葉の多いセイタカアワダチソウなどで短い期間に影響が現れる可能性を示す．身近な野菜の開度を調べた結果でも開度は 137.5…° の黄金角に収れんした．それゆえ，ここで調べたらせん葉序の開度 137.5…° は植物にとっては必然と言える．

　シミュレーションの結果から，らせん葉序の開度 ϕ は 137.5…° の黄金角が最も重なりの少ない角度ということが明らかになった．この結果を日本フィボナッチ協会の研究集会で報告したところ[23]，恩田によってこの黄金角の開度による分散が最小になることを理論的に証明したと告げられた．その概要を補足 B にのせる．この証明によって開度が黄金角となる必然性が示される．

第4章
パイナップルの連なりらせん

　ヒマワリと同じ被子植物で中南米が原産とされるパイナップルの果実は表面がウロコのような鱗片で覆われている．この鱗片それぞれは小花の閉じた痕跡であり，たまに受精した場合の種はこの中にある．鱗片は表面を一様に連なりながら覆っている．横からみるとその鱗片は斜めに連なっているので上から見ればらせん状に並ぶ．そこでこの連なりも"連なりらせん"と呼ぶことにしよう．その連なりの方向を他と区別して白線で印を付け，急な傾斜の連なりを一周して数えると13本ある．傾斜の緩やかならせんは8本である．さらに緩やかな連なりも数えることができ，この連なりは1本で一周近くになるが5本ある．パイナップルの連なりらせんの傾斜の向きは，図4.1左では8本の右上がりだが，左上がりの個体もほぼ同数見られる．

　図4.1右の松カサはクロマツの球果で，その表面はパイナップルと同様にウロコ状片で覆われている．その連なりらせんも印を付けて一周して数えることがで

図 **4.1**　パイナップルと松カサの鱗片連なり

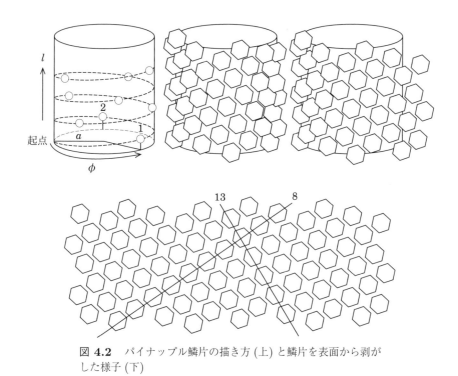

図 4.2 パイナップル鱗片の描き方 (上) と鱗片を表面から剥がした様子 (下)

き，この松カサは 5 本と 8 本が目立つ．これらはともにフィボナッチ数である．

4.1 鱗片の配置

パイナップルの形状は円柱に近い．そこで，この鱗片配置を真似るために円柱への流入量 n が半径 a を保って上に成長することを想定する (図 4.2)．高さ l まで成長した円柱の体積は $\pi a^2 l$ で，それは流入量 n に等しいから，l は n に比例する．真似た鱗片の表示を点として扱えば，比例定数を 1 としたときの円柱表面の最初の表示位置は図のように起点から反時計方向に角度 ϕ だけ進み，上に 1 進んだ点 $(\phi, 1)$ になる．2 番目は $(2\phi, 2)$ となり，3 番目以降は $(3\phi, 3), (4\phi, 4) \cdots$，と順に進み，$n$ 番目は $(n\phi, n)$ となる．ここでの ϕ は黄金角とした．図 4.2 上左はこの方法によって 9 番目までの点を○で描いた場合である．図 4.2 上中央は実在のパイナップルとほぼ同じ 80 枚の鱗片を六角形で代用して手前半分を表示し

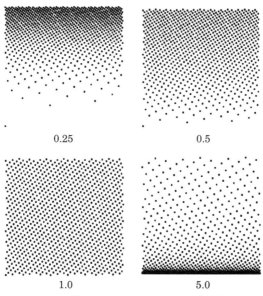

図 4.3　ベキ数 p によって大きく異なる矩形への充填

た．図 4.2 上右はその手前半分の右側を円柱から剥がして描いてある．下は円柱から剥がした 80 枚の鱗片全体を平面に広げた様子で，矩形内に一様に充填しているように見える．この表示での連なりらせんは直線となり，実物と同じように 8 本と 13 本が確認できる．表示のための具体的手順は，補足 A を参照していただきたい．

4.2　矩形に点を充填する

　矩形内への点の充填を一般的に扱うには，n のベキ乗 p を想定する必要がある．パイナップルの鱗片を真似る場合は $p=1$ が一様充填となるので，これを**パイン充填**と呼ぶことにする．p が変化したときの充填の様子をみよう．1000 点を矩形内に表示する場合，横軸の表示位置は $n\phi$ を 2π で割った余りの $\mathrm{Mod}(n\phi, 2\pi)$ とし，縦軸の表示は n^p である．

　p が 1 から 0.5，0.25 と小さくなると次第に上側が密に下側が疎となり，1 よりも大きな 5.0 の場合は下側が密になる (図 4.3)．p が 1 以外の場合では点充填の

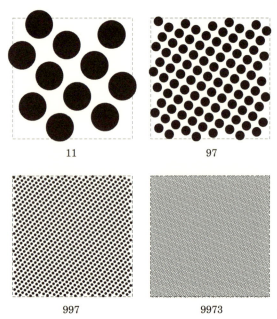

図 4.4　点数が素数でも正方形内に一様に充填される様子

一様性は満足されない.

4.3　任意点数を充填する

最初に正方形内に任意の点数を充填するときの様子を観察することにする. 充填の点数は任意でよいので, 11, 97, 997, 9973 の素数で充填することを考える. それは素数を使って一様に充填できれば他のどんな数でも同様の結果が得られるからである. 適当な大きさの正方形内に各素数の点について, 上の方法で充填する. その結果は正方形に一様に充填され, 任意の素数であっても点と点の間隔の一様性が保たれるように見える (図 4.4) [19]. これは正確に調べる必要がある.

4.4　矩形の縦と横の長さが変わるとき

パイン充填の表示法によれば, 表示の点数に制限はない. そこで 1000 点を ○ として正方形内を満たすように描くと図 4.5 上左になる. この場合の連なりらせ

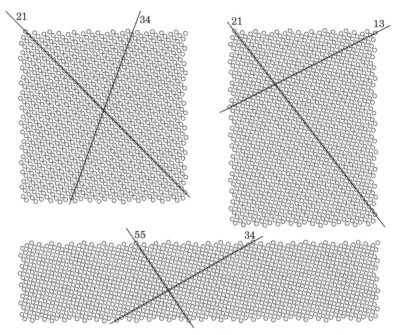

図 4.5 1000 点を充填した矩形では縦長でも横長でもほぼ一様

ん数は 21 本や 34 本が目立って数えることができる．パイナップル科や近縁種属では縦と横の長さがまちまちの種類がある．そこで縦長の適当な矩形に 1000 点を描いたものが図 4.5 上右である．この場合の連なりらせん数は 13 本と 21 本が目立つ．反対に横長の矩形に 1000 点を描いた図 4.5 下では 34 本と 55 本が目立つ．ここで注目すべきことは，これら連なりらせん数の 8, 13, 21, 34, 55 本がみなフィボナッチ数であり，それ以外の数値は登場しないことである．しかもアスペクト比 (横の長さ/縦の長さ) を変えたとき，それぞれの図における点の間隔がどれも一様に見えることである．これは重要なことなので，点の動きを追ってみよう．

この表示法で 600 点を描画した場合について，ほぼ中央に位置する No.305 (●) 周辺の点位置の変化を見よう．図 4.6 は適当なアスペクト比 0.44, 1.0, 4.0 それぞれについての周辺点の移動の様子を充填面積が変わらないように描いた図である．● 点周辺の 8 個の点に注目する．図 4.6 中央の図はアスペクト比が 1.0

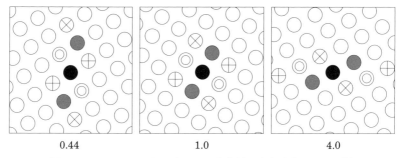

図 4.6 アスペクト比が変わって点位置は大きく変わるが一様性は変わらない

の場合であり,8個は周辺を取り囲んでいる.そのアスペクト比 1.0 から 0.44 へと縦長になるとき (図 4.6 左),斜め上下にあった ⊗ は上下に遠ざかり,その代わりにやや遠くにあった左右の ⊕ が 1.0 の ◎ と同程度に近づくことが見てとれる.反対に 1.0 から 4.0 の横長になるときは (図 4.6 右),左右のやや遠くにあった ⊕ はいっそう遠くに移動し,上下のやや遠くにあった ⊗ が 1.0 の ◎ と同程度の距離に近づく.その結果,アスペクト比が大きく変化したにもかかわらず充填はほぼ一定で変わらないように見える.

4.5 点分布の一様性

アスペクト比が変わっても点分布の一様性が変わらないように見えるのは本当かどうかを確かめる.そのために,描画点個数 n が 100, 1000, 10000, 100000 のそれぞれについて,円周 360° を 2° ごとに区切り,その範囲に描画点数が何個入るかを計数した.図 4.7 に結果を示す.n が 100 では 0〜1 点,1000 では 5〜7 点,10000 では 54〜57 点,そして 100000 では 553〜558 点がそれぞれ 2° の範囲内に入っている.表示総数がいくつの場合でも 2° の範囲に入る点数の変動範囲は 0.06% 程度となる.その結果,面全体の点がほぼ一様に見える.

点間隔は具体的にどうなっているか.その量的変化を調べてみよう.600 点を矩形に描画するとき,ほぼ中央にくる点から周辺点までの平均距離の変化について,横軸にアスペクト比の対数目盛,縦軸に平均距離をとって表す.図 4.8 の ●

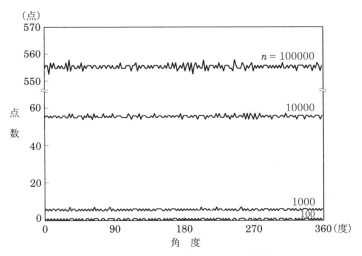

図 4.7　2°の範囲内に入る描画点数

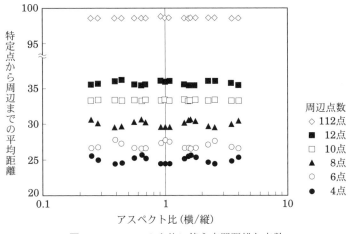

図 4.8　アスペクト比に伴う点間距離と点数

はその周辺 4 点までの平均距離である．○ が 6 点，▲ が 8 点，□ が 10 点，■ が 12 点，そして ◇ が 112 点までの平均距離 である．その変動は横軸のアスペクト比 1 に対してほぼ左右対称な変化であり，その変化幅は ● と ○ が 1.2 以内である．● の場合の平均距離は，アスペクト比が 1 より大きくなると一度大き

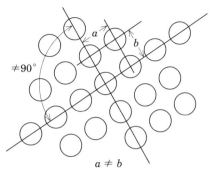

図 4.9 一般的なパイン配置の構成点

くなって極大になり，そして小さくなり，その先で再び極大になる．アスペクト比が 1 よりも小さくなるとその平均距離は一度大きくなって極大となり，そして小さくなって再び極大になるように変化し，アスペクト比の 1 以上の変化とは対称的になる．

○ では ● の場合と逆の傾向を示し，アスペクト比が 1 から遠ざかるといったん小さくなり，● が極大になった位置で極小になり，● が極小になる位置で極大のピークになり，● の変化量を打ち消すように動く．▲ でのアスペクト比に対する変動は再び ● と似た変化をするが，その距離の変動幅は 1.1 と小さくなる．この互いに打ち消すような平均距離の変動幅は，計算結果によれば周辺 6 点までは一度 1.2 まで大きくなるが，周辺 10 点まででは 0.1 まで小さくなり，周辺 12 点までで 0.6 と少し大きくなった後，周辺 112 点までで再び 0.3 以内と小さくなる．アスペクト比の変化に伴う周辺点数までの平均距離の変動幅は一様ではないが全体では確実に小さくなる傾向を示す．かくして個々の点の周辺では相対的距離は変動しても矩形内全体として一様性が保たれていることが理解される．

単純に平面を一様に埋め尽くす曲線は空間充填曲線がよく知られているが[25]，それと違ってパイン充填には，次の特徴がある（図 4.9）．(1) 連なりらせんのある方向の点間隔 a と他の方向の b はその間隔が同じではない．(2) 直線で示した二つの連なりらせんは一般に直交しない．この特徴は第一に画素として利用できること，そして第二に任意の矩形内からの任意点数のサンプリングに利用できることを示している．これらは第 10 章以降で検討する．

第5章

連なりらせん数を
まちがいなく数える

　前章までに見たように，連なりらせん数は開度が黄金角から少し違ってもフィボナッチ数にならない．その開度の小さな変化に伴う連なりらせん数の変化量を，図の視認から手作業で1本1本数える作業は正確さに欠ける．ここに連なりらせん数の正確な計数の必要性が生じる．詳しくは補足Cに譲り，ここではフーリエ変換の便利さを体験しよう．

5.1　計数方法

　ヒマワリの連なりらせんを構成する点は第2章と同様にして，点位置 (r,θ) が開度 ϕ と点数 n によって決まる $(r,\theta) = (n^{1/2}, n\phi)$ とする方法で描く（図5.1）．
　点数は大きめのヒマワリと同程度の1000点とし，角度 ϕ は黄金角近傍になるように $2\pi(1-1/a)$ として a を黄金比 τ 付近でわずかに変化するように選ぶ．点が連なって見えるのは点間隔が近くなってつながりが知覚されるからである．また，連なりらせん数は点の個数や，充填図の周辺部か内側かで異なる．そこで，1000個の描画から図5.2のように連なりが確認できる周辺部の一定個数を対象にする．フーリエ変換を使うと，構成する点の連なりの様子を調べることができる．ここでは離散フーリエ変換を想定して周辺から256点を選び，その点を角度 θ 順に並べる．各点の前後4点までの距離を測り，それぞれを8列の数列として求める．この数列8列それぞれに対して数式処理システムMathematicaの離散フーリエ変換を行えば8列の結果が得られる．得られた8列について列間の合計を求める．

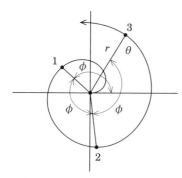
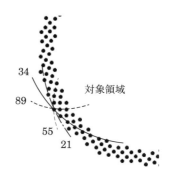

図 **5.1** 座標 (r, θ) の取り方

図 **5.2** 任意領域での連なりの様子 (数値は連なりらせん数)

5.2 結果と検討

図 5.3 上は開度が 137.5…° の黄金角の場合で，下はそれよりも 0.1° 小さい 137.4…° の場合である．それぞれの左側が充填図，右側が離散フーリエ変換で得られた図である．点と点の間の距離を変数としてフーリエ変換すると，横軸が距離の逆数の波数となって連なり数に相当し，縦軸が頻度になる．

開度が 137.5…° の黄金角の場合，充填図周辺部での目立つ連なり数は手作業でも 55 と 89 が特定できる．この数値はフーリエ変換によって右図のようにピーク値として求まる．右図ではそれ以外にも 21 や 34 のピークが求まるので，左の充填図を注視するとその連なりも図 5.2 に示したように確認できる．

黄金角よりも 0.1° 小さい 137.4…° の場合は充填図での一様性に乱れが認められる．フーリエ変換によって求まる連なり数は一方が 55 のフィボナッチ数であるが，他方は 76 のルカ数であり，それ以外は顕著なピークがない．これらの数も充填図を手作業で数えても確認できる．

図 5.4 はこの離散フーリエ変換の方法を使い，充填数 1000 で開度を 137.25°〜137.75 まで 0.05° 刻みで変えたときの結果である．黄金角に近い 137.45° の場合にはただ一つの 55 のピークが顕著になり (矢印)，0.1° 以上外れると他の連なり数が現れる．たとえば，0.2° 小さい 137.3° での連なり数はフィボナッチ数の 21 が大きく，他に連なり数 97 が現れる．

実在のヒマワリの種の連なりらせん数は多くがフィボナッチ数になるが，なら

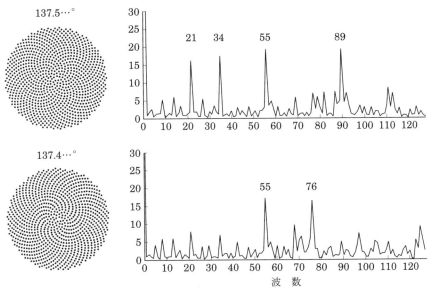

図 5.3　充填図 (左) と離散フーリエ変換の結果 (右)

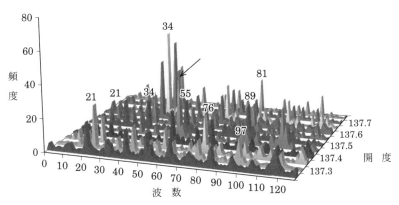

図 5.4　開度に応じた充填図をフーリエ変換して現れた連なり数 (口絵 3 参照)

第 5 章　連なりらせん数をまちがいなく数える　　35

表 5.1　開度によって異なる連なりらせん数 [11]

連なり数	開度
$\langle 1, 2, 3, 5, 8, 13, \cdots \rangle$	$137.51°$
$\langle 1, 3, 4, 7, 11, 18, \cdots \rangle$	$99.50°$
$\langle 1, 4, 5, 9, 14, 23, \cdots \rangle$	$77.96°$
$\langle 1, 5, 6, 11, 17, 28, \cdots \rangle$	$64.08°$
$\langle 1, 6, 7, 13, 20, 33, \cdots \rangle$	$54.40°$
$\langle 1, 7, 8, 15, 23, 38, \cdots \rangle$	$47.25°$
$\langle 2, 5, 7, 12, 19, 31, \cdots \rangle$	$151.14°$
$\langle 2, 7, 9, 16, 25, 41, \cdots \rangle$	$158.15°$
$\langle 2, 9, 11, 20, 31, 51, \cdots \rangle$	$162.42°$
$2\langle 1, 2, 3, 5, 8, 13, \cdots \rangle$	$68.75°$
$2\langle 1, 3, 4, 7, 11, 18, \cdots \rangle$	$49.75°$
$3\langle 1, 2, 3, 5, 8, 13, \cdots \rangle$	$45.84°$

ない割合も 30%程度あることが観測されている．他方，らせん葉序のハクサイ，キャベツ，セイタカアワダチソウなどでは，その開度が黄金角に収れんする．これらを調べるために，開度や個数などを変えた充填図から，手作業によって点の連なり数を特定するのは困難を伴い，計数誤りも起こり易い．しかし，フーリエ変換を利用すれば数値的にまちがいなく連なり数を決定できる．

　ここまでの検討結果では，ヒマワリの連なりらせん数がフィボナッチ数になる開度の範囲は非常に狭いことがわかる．Jean は開度の違いによる連なり数を調べている [11, p.39]．それによると，開度が黄金角の場合はここで調べた結果と同じように連なりらせん数としてフィボナッチ数が現れる．そして開度が変わると出現する連なり数が一般フィボナッチ数になることを表 5.1 のように示し，その出現を定式化している．読者も補足 A の方法を使えば少ない点数であれば開度による連なり数の変化を確認することができる．しかし，連なり数は開度の小さな変動でも大きく変わるのであり，フィボナッチ数とルカ数などの一般フィボナッチ数が混在することもある．そのような事実の解明にはここで示したフーリエ変換の方法が役立つだろう．

　実在のヒマワリは開度を知っていて，その開度に花の原基ができて成長するわ

(a) 3円の初期段階　(b) 径と数の増殖

(c) 頭状花を真似た充填図

図 5.5　Linden モデルを使った頭状花のシミュレーション (Reprinted from Linden, F. M., Creating phyllotaxis: the dislodgement model, *Math. Biosci.*, **100**, pp.161–199 (1990), with permission from Elsevier)

けではない．Linden は開度を使わない方法でヒマワリの頭状花のような模様を示した[27]．それは，図 5.5 (a) のような 3 円の初期段階から (b) のように円の径と数を増殖させるという一定の方式でシミュレーションを行い，円の上限直径まで成長させていく方法を使って (c) の結果を得ている．この結果から，周辺部の連なり数としてはフィボナッチ数の 89/144 が得られている．

この充填図の連なりは実在のヒマワリのような曲線としてのらせんではなく，見てわかるように連なりが直線的な部分も多く，特に中央部は平坦な連なり直線の集まりになっている．連なりらせん数としてフィボナッチ数やルカ数，その他の一般フィボナッチ数を得るにはさらに別モデルの検討が必要なようである．

第6章
らせん葉序の向きは生まれながらか

6.1 キャベツの葉序

身近ならせん葉序の野菜や野草の開度を調べて気づいたことに，葉の付く方向が時計回りと反時計回りとでその比がほぼ1:1の割合になっている事実がある．

また，つる植物の巻き方は種によって異なることが知られているが，北沢らはアサガオの巻き方が重力によって変わることを報告している[29]．葉の原基形成による葉序形成は植物ホルモンのオーキシン濃度によって説明されている．キャベツの葉序の決定要因は何か．

まずホームセンターで，四季どりキャベツとして販売されている種を購入して畑に直播きにする[1]．種は直径1 mm程度の球形であって播くときに方向を決めることはできない．図6.1のように，5枚目まで葉の付いたキャベツには時計回りに1, 2, 3, 4と付く例(左)と反時計回りに葉の付く例(右)がある．他の株はどうか．

直播きにしたキャベツ200株について葉のつき方を調べる．図6.2はその結果で，上側が時計回り，下側が反時計回りの並びを示す．全体では，105株が時計回りに，95株が反時計回りに付き，その比はほぼ1:1となった．同じ時期に播いたハクサイ60株では29株が時計回り，31株が反時計回りで，これも比がほぼ1:1である．

もしかしたら，太陽の位置が関係あるかも知れないと思い，播いたキャベツ200株の中で2枚目が西向きの株を選んで調べると，その株は合計25株あり，

---

[1] キャベツの種は(株)トーホクおよび向日葵種苗畷(株)の"四季どりキャベツ"を使用した．

時計回り　　　　　　　　　反時計回り

図 **6.1**　キャベツのらせん葉序

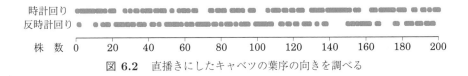

図 **6.2**　直播きにしたキャベツの葉序の向きを調べる

そのうち 13 株が時計回り，12 株が反時計回りでここでもほぼ比が等しい．だから，太陽光の方向は葉序の方向に影響を及ぼさない．

また，調べた中では時計回りのものが 9 株連続して続いた．もしも，直播きにしたときの種の向きが影響しているのであれば，9 個が連続で同じ向きになる確率は非常に低い．それゆえ，種の向きが葉のつく方向の決定要因となる可能性は低い．観測された時計回り/反時計回りの揺らぎの結果は，フィールド実験での株数が少なくとも 100 株以上必要なことを示している．では，葉の付く方向 (葉序) の決め手は何か．

6.2　クローンで調べる

まずはクローンを作って調べてみよう．クローンと言っても遺伝子を操作するのではなく，時計回りと反時計回りの決まった親株の先端を切って側芽を出させてその側芽の葉の付き方を観察するという方法である．直播きにした中からある程度の間隔で 11 株を残してそれぞれの先端を切断する．

11 株それぞれに No.1〜No.11 の番号をつける．図 6.3 は No.3 について，切

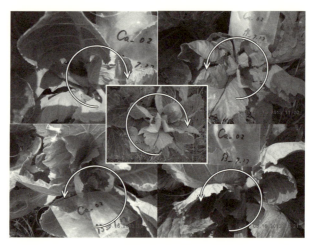

図 6.3 側芽の葉序は親株の葉序と異なる場合がある例 (中央が親株の小さいとき)

断 24 日後の様子を観察したものである．親株の葉序は時計回りであるが，切断 24 日後の側芽の葉序は時計回りが 1，反時計回りが 3 である．また，No.6 の親株の葉序は反時計回りだが，その側芽は時計回り 3，反時計回り 1 で No.3 とは逆の傾向になる．これらの結果を表 6.1 にまとめた．

表 6.1 親株の葉序とそれぞれの側芽の葉序

親株の葉序	時計回り					反時計回り				
No.	1	2	3	4	5	6	7	8	9	10	11
側芽 (時計回り/反時計回り)	2/1	2/1	1/3	1/3	1/2	3/1	2/1	2/1	2/1	0/3	0/3

側芽の数値は「時計回り/反時計回り」の株数である．切断前の親株の「時計回り/反時計回り」の割合は 5/6，切断後全体の比は 16/20 となり親株の葉序にかかわらず，側芽の葉序は混在する．つまり，らせん葉序は生まれながらではない．

図 6.4　2 枚目の葉を確認した直後に傾斜面に移す (左端は 0°)

6.3　重力の影響

　では，らせん葉序の向きは何によっていつ決まるのか．これが問題である．重力による屈性は 19 世紀末にダーウィン父子のころから研究され，今ではオーキシンの働きで説明されている [30, p.100]．では，どうすれば重力による葉序への効果を観測することができるか？

　直播きにした畝では少しは土の傾きがある．もしもその傾きが葉序に影響するとすれば，その効果は 3 枚目に現れるはずである．畝の傾斜角は土の傾きを考えるとわずかで良いので，0°, 10°, 20°, 30° と 40° とし，各傾斜面に 10 株ずつ並べた (図 6.4)．また，1 枚目の葉が西向きか東向きによって異なることが想定されるので合計で 100 個準備して培地を入れ，前と同じ種のキャベツの種を播く．重力による屈性は数時間で影響が現れることから，2 枚目の葉を確認した直後に傾斜面に移す．

　9 月での成長は早く，2 週間後には 3 枚目が付いて葉序が決まる．その結果，全体での時計回り/反時計回りの数は 49 株/48 株と混在し，葉序の向きは傾斜角度に関係なかった．また，横倒しの 80° や 120° にした場合も結果は変わらない．もしも，傾斜による重力の差異によって植物ホルモンが下側に多くなって発芽の原基発生に寄与するのであれば葉序の向きに偏りがなくてはならない．それゆ

図 6.5　先端切断 28 日後の側芽の例

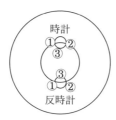 

図 6.6　中央の親株側に付く側芽の 3 枚目

え，オーキシンは重力屈性には作用するが，葉の原基形成には影響しない．この 2 枚目確認後の葉序の実験は，ハクサイでも同様な結果を得ている．さらに葉の 1 枚目を確認した直後に傾斜面に移した 80 株の苗でも比は変化しなかった．

　では，葉序の向きは何によって決まるのか．成長したキャベツの先端を切断した後に横倒しにした側芽の葉序はどうなるか．時計回りと反時計回りのキャベツの苗 10 株をそれぞれ大きな鉢に移して長期間使えるようにして先端を切断する．切断後の残った先端の葉がすべて下になるようにして横倒しにする (図 6.5)．

　切断 28 日後，側芽葉序の観測結果は時計回り/反時計回りが 20 株/20 株となり，重力の影響を全く受けない．しかしながら，よく観察すると図 6.6 の例のように側芽の 3 枚目はそれ自身の葉序に関係なく親株側に付く．その割合は側芽 40 株中 36 株と 9 割に達する．この結果は葉序決定の仕組みを示唆しているのだろうか．

図 6.7　給水位置の固定．白い円上の箇所が給水位置

図 6.8　根の切断．中央付近の縦の線がポリプロピレン板

6.4　給水位置を固定する

給水の位置によって根の張りが変化し，茎の組織形成が葉の原基形成に影響するだろうか．これを調べるために第 1 葉の確認直後，給水位置を図 6.7 のように南側に固定して成長を観察する．その結果，1 回目の葉序の時計回り/反時計回りの比は 43 株/30 株，2 回目が 46 株/50 株，3 回目では 38 株/41 株で，3 回合計で 127 株/121 株となった．よって，給水位置を固定しても葉序の偏りはほとんど観測されない．根の偏りを別の方法で作ることにしよう．

6.5　根の切断

根の張りの偏りを根の切断によって作ることにしよう．地中にある根を切るので，厚さ 0.75 mm のポリプロピレン板を鉢に合わせて作り，第 1 葉の位置が確定した直後，図 6.8 のように中央北側で切断する．深さは鉢に合わせて 55 mm とした．給水は鉢が乾涸びないように表面全体に一様に，日に 1～2 回ジョウロで散布する．その結果，190 株のうち，時計回り/反時計回りの比は 101 株/89 株となりほとんど偏りがない．

図 **6.9** (a) 第 3 葉の決まるころの対象キャベツ，(b) 手製簡易スライサーとカミソリ

6.6 らせん葉序の開度は第 3 葉で決まる

外見からはキャベツの第 3 葉が第 2 葉の反対側に付き，その葉序の向きは第 3 葉とそれ以後の葉の付き方で決まるように見える．ではその葉序の向きはいつ決まるか？ そこで，第 3 葉の決まるころ，茎の先端部を切断して観測する．図 6.9 (a) は第 3 葉の付く頃の試料対象の全体像であり，(b) は手製簡易スライサーである．試料は次の手順で作る．葉を落とした対象キャベツの茎の適当な部分をカミソリで切断し，スライサーに差し込みピスで固定する．スライサーの押し出しはピッチ 0.5 mm の M5 ネジを使用し，90°回転で 125 μm にする．茎を 90°回転して押し出しながらカミソリでスライスする．スライスした試料をトルイジン・ブルー 0.1% 液で染色して試料にする．図 6.10 が染色した試料の実体顕微鏡画像である．(a) の右側第 1 葉には中央に太い維管束があり，茎を挟んだ反対側にも太い維管束が見える．(a) から上に 600 μm 離れた (b) では茎内の環状部分に (a) と同様の維管束が並ぶが右斜め下の維管束がやや太くなり，そこの茎の外側が盛り上がる．(c) では盛り上がりが大きくなると同時に，第 3 葉になる維管束が環状部から葉原基の一部として離れ始める (矢印)．(d) になると茎の環状部から第 2 葉と第 3 葉の維管束が離れる．そして (e) では明瞭になった第 3 葉が第 2 葉と一定の開度を形成する．この画像からの開度はほぼ 138°と測定される．

第 1 葉と第 2 葉間の開度はほぼ 180°になっているにもかかわらず，第 2 葉と

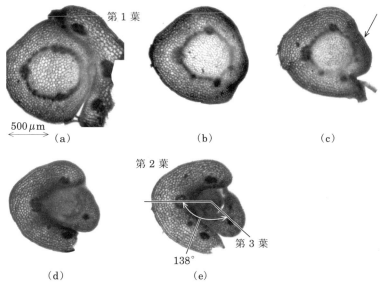

図 **6.10** キャベツの茎のスライス画像,第1葉から第3葉までの位置による葉序方向と開度 (口絵4参照)

第3葉間の開度は黄金角付近になる.つまり,何らかの要因によって第1葉,第2葉および第3葉の位置関係が決まり,葉序が反時計回りになるだけでなく開度まで決まるのである.そして時計回り葉序の場合,第3葉は付く向きがこの例とは逆になる.この要因を特定すれば,「なぜ葉序が決まるのか」という100年来の謎の解明が叶うことになる.

6.7 観測結果

太陽光や重力による屈性にはオーキシンが働くとされているが,ここまでの観察では葉序の向きにその影響が見えない.また,給水位置の固定は自然界にない人為的に作った環境であるが大きな差にはならない.また,根の切断によっても大きな偏りにはならない.葉序方向の決まる時期は観測から第3葉の形成期前後にあるという明白な証拠が示された.この結果は遺伝子による細胞間の関わりで形が決められるというメカニズムの解明のヒントを提供するものにな

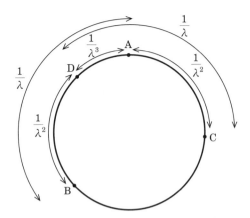

図 6.11 葉序方向決定後の葉の付き方

る[31, p.273].

葉序方向が決まった場合,葉の開度は多くの葉を観測すると黄金角に近づくことが明らかになっている.その結果としてどのようなことが予想できるかを近藤[32, 8章]がシミュレーションで示している.その条件は次のように設定される.

(1) 本葉の原基はオーキシンが一定以上の場所にできる.
(2) 原基は図 6.11 の ABCD の順にできる.このとき葉序方向は時計回り/反時計回りのどちらか一方である.
(3) できた原基のオーキシンを吸収する作用は原基形成の阻害因子となり,その阻害因子濃度は時間・距離に対して指数関数的に減少する.
(4) 原基と次の原基の間は等間隔とし,濃度 ρ は原基間で $1/\lambda$ に減衰する.

$$\rho = \rho_0 e^{-\lambda t} \quad (\rho_0 \text{ は初期値})$$

この関係が図 6.11 である.図から次の関係が得られる.

$$\frac{1}{\lambda} = \frac{1}{\lambda^2} + \frac{1}{\lambda^3}$$

これは黄金比を満たす関係であり,その開度は黄金角に収束する.

第7章
黄金比は自然らしい表現

7.1 フィボナッチの窓

　前章までに見たように，ヒマワリの頭状花にある小花や種はらせん状に並ぶ．その目立つ連なりらせんを時計回りと反時計回りで数えると，その多くはフィボナッチ数列の隣同士となる (図 7.1)．このためフィボナッチらせんと言われることもある．らせんの途中が枝分かれしてフィボナッチ数にならない個体も30%程度はあるが，フィボナッチ数から ±1 程度の差異も含めると90%以上のヒマワリの連なりらせんはフィボナッチ数になる．図 7.1 右のサボテンではトゲがらせん状に連なり，その連なりらせん数を矢印のように時計回りと反時計回りに数えると 6 本と 10 本になっている．これも 2 ×(3 本と 5 本) とすればフィボナッチ数列に含まれる．この他にもルカ数になる個体の例などが多く知られている．ルカ数も広義のフィボナッチ数であることを考慮すればほとんどの個体がフィボナッ

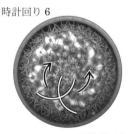

図 7.1　連なりらせん数は多くがフィボナッチ数

図 7.2　パイナップルの連なりらせん数も時計回りと反時計回りの比が 1 : 1

チ数になると言ってよい．これには理由がある．

　パイナップルの鱗片もまたその連なりが実全体を一周して並び，上から見るとらせん状に連なっていて，その一周の連なり数はほとんどがフィボナッチ数列の隣同士である．左右の連なり数の比はこちらも 1 : 1 になる (図7.2)．この他にも「松カサの鱗片並び」のらせん数，「花びらの枚数」そして「オウム貝のらせん」など自然界にはフィボナッチ数が多く散見される．

　らせん葉序のキャベツやハクサイなどでは，何枚目かの葉とその次の葉のなす角である開度は黄金角に収れんする．植物の開度が黄金角になる意味は，この角度をとると何枚葉が付いても上から見て決して重ならず分散の偏りが最も小さくなるからである．植物は長い進化の過程でそれを獲得し，その植物が生き残った．それゆえ，自然の景色はフィボナッチという窓を通して複雑ではあるが調和して見える．

7.2　「でたらめさ」を評価する

　この自然は宇宙の誕生以来，時間経過に伴ってエントロピー増大の途上にある．エントロピーは熱力学で導入され，ボルツマンによって系の状態和 W を使う「でたらめさ」の評価指標に関連付けられたものである．形のでたらめさ，不確かさはどう評価されるか？

　図 7.3 は 33 行 × 19 列 = 627 個のマス目のうちの 33 個を黒く塗ったパター

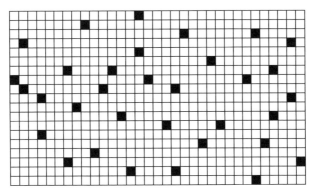

図 7.3 627 個のマス目中の 33 個の塗りつぶし方

ンの一例であり，その塗り方の数は下に示した状態和 W という途方もなく大きな数となる．これはとりうるパターンすべてを数えたものであるが大きすぎて表現しにくい．そこでネイピアによる対数が登場する[33, 14章]．ボルツマンは対数を使った $k \log W$ をエントロピー S とし，気体分子の運動に結びつけてその状態を評価した (k はボルツマン定数)．n は全体の個数，N は塗りつぶしたマス目の個数として，W は次の式で表される．

$$W = \frac{n!}{N!(n-N)!}$$
$$= \frac{n \times (n-1) \times \cdots \times 3 \times 2 \times 1}{N \times (N-1) \times \cdots \times 3 \times 2 \times 1 \times (n-N) \times (n-N-1) \times \cdots 3 \times 2 \times 1}$$

k を 1 としたときのエントロピーを H とすれば，

$$H = \log_e \left(\frac{627!}{33! \times 594!} \right) \cong 129.3$$

となり，情報エントロピー H が求まる．

堀は樹の形を作る条件の自由度の多さ W を求め，樹形の「でたらめさ」を示した[35]．それに倣って形をエントロピーで評価しよう[36]．

図 7.4 の樹形を作るとき，もし枝の長さと分岐の角度を決める条件が一つならば，その樹形は一種類しかない．だから，W は 1 で H は 0 となる (図 7.4 左)．けれども，それぞれの枝の長さの自由度が縮小率 0.7, 0.8, 0.9 の 3 種類，角度も 19°, 20°, 21° の 3 種類ならば，枝の分岐が 62 になり，すべての状態和は総計 $(3 \times 3)^{62}$ となる．すると H は 136.2 である (図 7.4 中央，表 7.1)．同様に縮小率

第 7 章 黄金比は自然らしい表現　49

角度 20°
縮小率 0.8
枝数 62

角度 19°〜21°
縮小率 0.7〜0.9
枝数 62

角度 18°〜22°
縮小率 0.6〜1.0
枝数 62

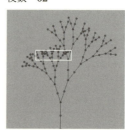

図 **7.4** 樹形を作る条件と作られた例

表 **7.1** 樹形を作る条件から求まるエントロピー H

	図 7.4 左	図 7.4 中央	図 7.4 右
H	0	136.2	199.6
同じ面積内の点数	24	29	32
点濃度	0.158	0.198	0.222

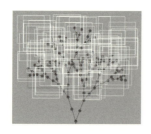

図 **7.5** 作られた樹形でのランダムサンプリング

表 **7.2** ランダムサンプリングでの偏差とエントロピー H

		図 7.5 左	図 7.5 右
H	0	136.2	199.6
標準偏差	0.441	0.541	0.66

が5種類で角度が5種類であればその状態和は $(5 \times 5)^{62}$ で H は 199.6 となる (図 7.4 右). あらかじめ状態和がわかればエントロピーが求まる. エントロピーが大きいほどでたらめさが多く自由度が大きい. ではできあがった樹形からエントロピーが求まるだろうか. 図 7.4 の白い □ は同じ面積であり, 選んだ場所での □ 内の点数を数えて表 7.1 に示した. その点濃度は右が最も大きく, エントロピーの示す傾向と一致する. 図に描いたように □ を採れば, でたらめさは点集合の濃度で評価できる. しかし, この □ の大きさと場所は恣意的に選ばれているので, 一般性が低い.

では, 一般的に評価するにはどうしたらよいか. 図 7.5 は図 7.4 中央および右とそれぞれ同じ条件で作られた一例である. この樹形を含むように同じ大きさの □ で 15 回ランダムサンプリングして点数を数えた. 表 7.2 は □ 内の点数の平均からの偏りとして標準偏差を求めたものである. 偏りは右の樹形ほど大きく, 自由度の多さに対応する. 自由度が大きいほど, でたらめさが多いほど偏りが大きく, エントロピーの傾向と一致する. それゆえ, サンプリング回数を一定以上にすればランダムサンプリングから「でたらめさ」が評価できる.

7.3 黄金比とフィボナッチ数が生まれる

自然界にフィボナッチ数が散見される理由は何か？ 堀部は, 二つの要素からなる系でそのうちの一つの事象の出現確立が p で, 他方の事象の出現確率は $1-p$ になる場合を検討している[37]. この系にある二つの要素には色などの特性があり一定の数が含まれているとき, そのうちの一つの要素の一つの特性だけが出現する不確かさと出現する平均時間から単位時間あたりのエントロピーが求められる. そして, そのエントロピーを最大にする条件から

$$\frac{1}{p} = \frac{p}{1-p}$$

を得ている (補足 D). この p を満足する値こそ黄金数 (黄金比) である. 通常この黄金比 τ は $(\sqrt{5}+1)/2$ と書かれるが, これは 1 と比べた大きい方の値である. 大きい方を 1 とした黄金比は $(\sqrt{5}-1)/2$ である. フィボナッチ数列の隣り合う 2 数の比はその極限値が黄金比になることはよく知られた事実であり, フィ

ボナッチ数と黄金比はほぼ同義と言ってよい.

　単位時間あたりのエントロピーが最大であることは，十分に長い一定間隔の単位時間に出現するパターンが最大の多様性をもって現れることを意味する．そのとき，先に示した樹形の自由度が最大となり，最も多様な樹形が現れる．自然界の要素は多いので，さらに多様な現象の出現が予想される．二つの要素からなる系の帰結とはいえ，エントロピー最大から黄金比が導かれる意味は巨大である．最もでたらめさが多く，多様性が最大になるのはなぜか，その解明が待たれる．

7.4　調和こそ自然

　この文明社会では車，機械，建物，その他もろもろの構築物は石，鉄，砂など形の定まらない素材にエネルギーを加え，エントロピーを小さくすることで作られる．生き物はこのエントロピー増大の世界で散逸構造としての非平衡定常状態として誕生する．エネルギーが供給されたエントロピーの小さい状態とは植物などの生命維持そのものである．エネルギーが拡散しすべてが無秩序に向かうのではなく，組織化され，そこにエネルギーが集まる生物にはどのような意味があるだろう．シュレーディンガーが生命誕生にエントロピーを結びつけた意義はここにある[39]．チューリングはこの問題に化学の側面から反応拡散方程式で応え[40]，近藤はコンピュータの発展を利用してタテジマキンチャクダイの縞の変化を見事に説明した[41]．エントロピー増大の流れの中にところどころにできる渦のようにエントロピーが小さくなる場所，エネルギーの集まる場所ができても矛盾しない．「でたらめさ」を示すエントロピーは自由度の多さ，多様性の指標でもある．それゆえ，エネルギーの出入りを伴うエントロピーは，科学的解明に役立つ．この最大エントロピーの研究は近年盛んな分野でもある．

　ヒマワリの連なりらせんを入り口に，パイナップルの鱗片らせん，開度，葉序とみてくると，そこにはフィボナッチ数が関わっている．黄金比は開度が最もよくばらつく条件を満足し，他方それはエントロピー最大の条件から生まれる．エントロピー最大とは「でたらめさ」が増し，取りえる状態が最も多くなり，最も多様性の多くなる系の表現である．フィボナッチ数が最も自然に相応しいなら，黄金比は最も自然な数，"Most Natural Number"と呼ぶに相応しい．

自然に生まれた対数

でたらめさや自由度の多さは自然現象の本質を理解するための最も重要な概念のひとつである．これを数値で表示するには対象の状態を数量で知る必要がある．状態の数が多いほどでたらめさが多く多様性がある．たとえば，図 7.3 のように矩形内に四角いマスが 33 行 × 19 列 = 627 個あって，この中の 33 個を塗りつぶす塗り方は全部で

$$\frac{n!}{N!(n-N)!} = \frac{627!}{33! \times 594!}$$
$$= \frac{627 \times 626 \times \cdots \times 3 \times 2 \times 1}{33 \times 32 \times \cdots \times 3 \times 2 \times 1 \times 594 \times 593 \times \cdots \times 3 \times 2 \times 1}$$

通りある．これよりも 4 行少ない 29 行 × 19 列 = 551 個あるマスの中の 276 個を塗りつぶす塗り方は全部で $\frac{551!}{276! \times 275!}$ 通りである．この二つの例で，でたらめさはどちらが多いか．電卓などの対数を使えば，全体のマス目は少ないが 2 例目のほうが多いとわかる．もし対数を使わなければこの比較には多くの計算と時間を要する．かつての人々も大きな数値の掛算に苦慮したにちがいない．対数は任意の数に適用できるので応用は飛躍的に広がる．

この便利な対数はどのように生まれたのだろうか．ネイピアによる対数の発見は積を和に変えて計算を簡略化したいがためである．草場の紹介を参考にみてみよう[33, p.180]．

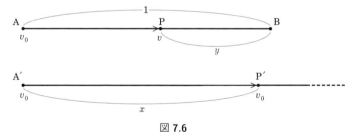

図 **7.6**

長さ 1 の線分 AB と A′ を端点とする半直線を準備する．A から B に初速度 v_0 で出発した動点 P の速度 v は y の減少とともに遅くなり B 点で 0 となる．このとき v は $v_0 y$ に等しい．他方，同じ初速度 v_0 で A′ を出発した点 P′ は半直線上を定速度で進む．このときの x を y の対数という．

今では微分方程式[1]をたてればすぐに解けてしまい $x = \log_{1/e} y$ と求まる．この対数の底 $1/e$ をネイピアは明示しなかったが，オイラーが突き止めた．物事が急激に大きくなる現象を，"指数関数的に増大する"などと言う．また，減少する

場合にも使う．たとえば，2011年の東日本大震災では原子炉がメルトダウンしたが，それによって飛び散った${}^{セシウム}_{Cs}$ 137の半減期が約30年と言うとき，この半減期は放射性物質が指数関数的に減少していって当初の半分になるまでの時間である．Csは指数関数的に減少していくが，すぐに0になることはないのでその量的評価に使われる．X線撮影技師が防護の鉛の厚さを決める場合も指数関数的な減少を量的に評価する方法を使う．この自然現象に伴う指数関数的な変化の指数には e が使われ，それが対数の底になることから $e = 2.718281828459\cdots$ は自然対数の底と呼ばれる．この対数発見の時代には対数表が重宝され，次いで計算尺が発明され，コンピュータの利用へとつながる．

---

[1] (53ページ) 微分方程式は $\dfrac{d(1-y)}{dt} = v$ と $\dfrac{dx}{dt} = v_0$ になる．

第 II 部
らせんを応用する

第8章
三陸海岸の複雑さを測る

らせんを含む自然は複雑に見える．この複雑さは比較できるものだろうか．ものを比べるときには，丸や三角などの質的な違いではなく，数量で比較する必要がある．そうすれば恣意性の入り込む余地はない．そのためには比較対象を数量で表現しなくてはならない．

8.1 雲を比較する

真っ青な夏空にモクモクと湧き上がる入道雲には力強さがある (図 8.1)．その湧き上がる雲には凹凸があり，そのコブにはさらに小さな凹凸があって，しかもその構造が目に見える速さで動いている．だから躍動感があり，力強さがある．

比較的低い空にできる夕暮れの層積雲は水滴や氷晶の塊でできていて凹凸模様と見ることもできる (図 8.2)．この両者はどちらが複雑か．二つのものを比較す

図 8.1　入道雲

図 8.2　層積雲

るには数量化しなくてはならない．そこで，同じ面積になるように入道雲と層積雲の写真を大きく引き伸ばし，決まった長さのコンパスで測ることにする．コンパスを近づけてみると一つと思っていたコブはいくつかの小さなコブで出来ている．その小さなコブを測るにはもっと小さな幅のコンパスが必要になってくる．もっと小さなコブに近づくとさらに凹凸があり，それを測るにはさらに小さな幅のコンパスが必要となる．よって，この方法だと複雑さが定まらない．複雑さについて，マンデルブロは「ブリテン島の海岸線の長さはどれくらいか？」と世に問い，フラクタル概念の必要性と有用性を提起した [42]．では複雑さの比較はどうすればできるか．

8.2 海岸線の長さを比較する

図 8.3 の左は三陸海岸の釜石付近である．そこには入り組んだ荒々しい崖のある複雑な地形がある．他方，図 8.3 右は鹿島灘の鉾田付近であり，砂浜のある優しい感じで月の砂漠に例えられたりする場所である．上空から見ると，二つの海岸線の地形の違いがすぐにわかる．しかし，マンデルブロが登場する前には，一方を "複雑"，"より複雑"，他方を "端整"，"直線的" というような質的な違いでしか表現できなかった．同じ地域の海岸線を国土地理院の白地図から作ったのが図 8.4 である [43]．地図上の気仙沼から宮古までと，犬吠埼から日立港まではともに直線距離で約 90 km ある．この両海岸線の長さをコンパスで計る．

地図上で 1 km の長さに固定したコンパス (これを 1C と書く) でその海岸線を刻んで計る．三陸海岸を刻むと 297 回で宮古に着く．だから 297 km となる．同じ海岸線を 2C で測ると 264 km，4C では 220 km，そして 8C では 168 km となる．コンパスの幅によって海岸線の長さは大きく異なる．他方，鹿島灘を 1C，2C，4C，8C で刻んで計った海岸線の長さはそれぞれ 108，104，100，96 km となる．この場合，海岸線の長さの変化は少ない．海岸線の長さはコンパスの幅によって異なり，変化の仕方は海岸線によって大きく異なる．コンパスが 1C から 8C に変わっていくときの三陸海岸の海岸線の長さの減り方は鹿島灘のそれよりも相当に大きい．つまり，両者では変化量が異なる．マンデルブロの指摘はここにある．この変化を正確に数量化するにはどうしたら良いだろう．

三陸海岸・釜石付近　　　　　　　　　鹿島灘・鉾田付近

図 8.3　複雑な海岸 (左) と端整な海岸 (右) (ⓒ Google earth)

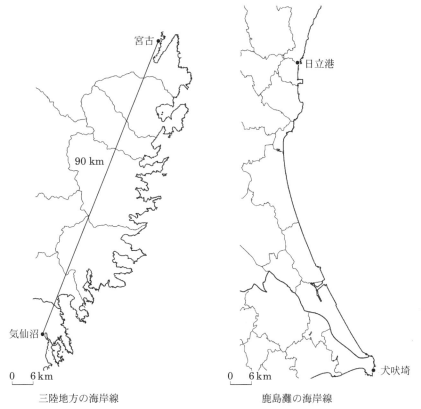

三陸地方の海岸線　　　　　　　　　鹿島灘の海岸線

図 8.4　コンパスで測る海岸線の長さ

第 8 章　三陸海岸の複雑さを測る　　59

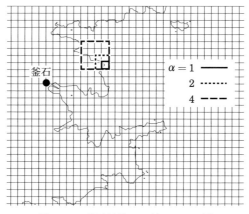

図 8.5 釜石付近でのボックスの例

8.3 複雑さを計る

対象全体を覆う小さなボックスの網を準備する (図 8.5). このとき,最も小さいボックスの一辺 a は海岸線の凹凸が識別できる程度の大きさにする.一つのボックス内に測る対象の海岸線があればそのボックスを一つと数える.この方法はボックスカウンティング法と言われ,決まった図形を使って次のような手順で計る.

(1) 海岸の長さを特徴的な決まった図形,ここでは正方形 a のボックスで覆う.覆った例の一部を図 8.5 に示す.

(2) 海岸線の一端,気仙沼を始点として,最も小さい正方形 $a = 1$ のボックス内に海岸線の一部が含まれればボックスの数を $+1$ する.終端の宮古まですべて数えたときのボックスの数を N_1 とする.

(3) 一辺が 2 の正方形でも同様に数えて N_2 とし,一辺が 4, 8, $\cdots$ でも同様に数えて $N_4, N_8, \cdots$ とする.

(4) 結果について,横軸に a の対数を,縦軸に a に対応する数 N_a の対数をプロットする.両対数グラフでは数字をそのままプロットする.

プロットした結果のグラフについて最も確からしい最確直線を引き,その傾きを求める.正確な傾きの計算値を得たい場合には最小二乗法を使う.ここでは大まかな違いを得るために両対数グラフで直線を引き,その直線上の 2 点を使って

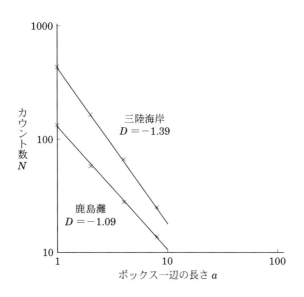

図 8.6　三陸海岸と鹿島灘の海岸線の複雑さ

求める (図 8.6). その傾きを D として表せば，三陸海岸は $D = -1.39$，鹿島灘が $D = -1.09$ となる．縦軸は N を距離に換算した値でもよい．

　これがマンデルブロの提起した複雑さの表現である．グラフの傾き D はフラクタル次元と呼ばれるが，それはマンデルブロが自己相似な形一般を断片の集まりの造語としてフラクタルと名付けたことによる．このフラクタル次元によって三陸海岸と鹿島灘の複雑さは数値として比較できる．これら自己相似に関わるフラクタル次元に関しては高安が詳しい [44]．

　両対数グラフでの傾きを示すフラクタル次元とはいったい何だろうか．この次元はグラフから示されるように非整数である．次元が非整数とは何か．鹿島灘の海岸線は 1 本の直線に近くほぼ一次元の 1 である．他方，三陸海岸はたくさんあった谷筋がそのまま海に入り組んで入り江になる複雑な海岸線を形成して平面を埋め尽くすように広がり，二次元の 2 に近づいた値になっている．これこそフラクタル次元が示す複雑さの指標としての意味である．フラクタルと言えば，マンデルブロ集合に代表される色彩豊かな自己相似構造の図形を思い浮かべる人も多いと思う．そこにはまた別の魅力ある感性の世界があるかもしれない．マンデ

ルブロは数学の歴史に捨てられていた事象を見直し，自己相似な形を含む複雑さを示す尺度としてフラクタル次元を世に示した．

このボックスを使う方法によれば，ボックス内に含まれるのは海岸線のように連続した曲線である必要はない．細かい線の多少や，点の濃淡など，比較できるものは数量化できることになり，後で紹介するように適用範囲が飛躍的に広がる．

複雑な地形ゆえに 2011 年 3 月の大津波では平地以上に甚大な被害に見舞われた三陸地方は，今もなお復興の途上にある．このような複雑さの量的表現を対策に生かす方法があるかもしれない．

8.4 流れ構造の複雑さを測る

アマゾン川は雨量の多い地域でたくさんの川の支流が集まって大河になっているが，ナイル川は上流のエチオピアでは雨量が多いものの下流のエジプト地方は広大な砂漠地域で大河に流れ込む支流は目立たない．これらの特徴を比較するにはどうしたらよいだろうか．

ボックスカウンティング法を使うことも可能だが，ここでは流れに注目する．ホートンによって提起され[45]，ストレーラーが確定した水路法則を検討する[46, 47, 48]．ある流域での合流した最後の流れを最高次の次数とし，次数 j での合流水路数 $N(j)$ を求めるものである (補足 E)．その合流での次数の決まりは，$i+1 \leftarrow i+i, i \leftarrow i+(i-1)\cdots$ である．つまり末端の支流の 1 次と 1 次の合流は 2 次とするが，2 次と 1 次の合流は 2 次のままであり，3 次と 1 次や 2 次の合流も 3 次のままとするものである．

このホートンの法則を利根川の水路に応用してみよう．図 8.7 は埼玉県の栗橋から上流の利根川水系の流域水路である[49]．図 8.8 はその水路について，ホートン–ストレーラーの決まりでの次数による水路数を数えて片対数グラフにプロットしたものである．図の近似的な直線から傾きは $a = -0.58$ となる．ここで重要なことはこの水路の流れ構造の特徴がグラフ上で直線上に載ることである．流れの複雑さの程度が傾きの違いによって表現され，比較できることである．これは大きな収穫である．他にも，さまざまな流れ構造がある．たとえば，植物の葉脈では水や養分が流れ，ガラスのひび割れや雷ではエネルギーが流れ，組織やコ

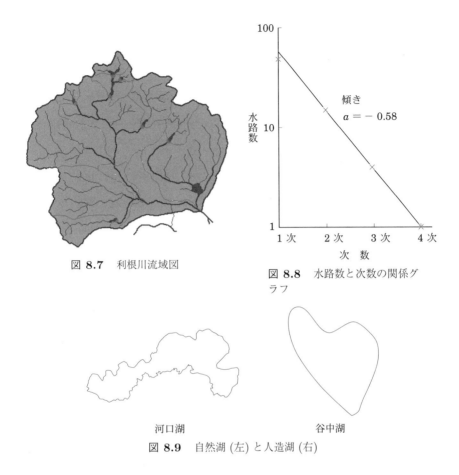

図 8.7 利根川流域図

図 8.8 水路数と次数の関係グラフ

河口湖　　　　　谷中湖

図 8.9 自然湖 (左) と人造湖 (右)

ンピュータでは情報が流れる．これらの流れ構造を科学的に扱えることになる利点は大きい．

8.5 複雑さの応用

たとえば，富士山麓にある河口湖は自然の活動によってできたもので周辺の凹凸が多く複雑である．他方，谷中湖は人造で形が端整である (図 8.9)．この湖の特徴はフラクタル次元として反映されるはずである．小川らはペルーの山奥に広がる多くの湖の特徴をフラクタル次元で比較し，自然湖と人造湖を見分けてマヤ

文明の研究に活かしている[50]．海岸線や河川だけでなく，自然界には各種の複雑さがある．寺田が検討した田んぼのひび割れに始まり[51]，トンネル掘削での壁面のひびの複雑さからの掘削現場の危険性の評価[52]，コンクリート壁のひび割れからの老朽化の判定など幅広い応用はすでに始まっている[53]．

マンデルブロが43歳のときに提起したフラクタルは複雑さという感性の一部を科学で扱う領域に含める画期的なものであり，人類に多大な貢献をしている[54]．

―― 自然の幾何学にはフラクタルの顔がある ――

マンデルブロは著書『フラクタル幾何学』で宣言する[54]．そしてTEDトークではそのフラクタルの例としてロマネスコを使う．部分の集まりとしての自己相似なフラクタルは自然界にどれほど見つかるだろうか．

ロマネスコは多くが中心非対称な円錐形である．その大きな円錐の表面には小さな円錐状突起がらせん状に連なっている (図 8.10)．その小さな円錐状突起にはさらに小さな円錐状小突起がつき，その個々の小突起にはさらに小さな円錐状微突起が付いている．その姿形は自己相似の人工物のように計算されて作られているように見え，フラクタルの代表的なものである．自己相似には他に何があるだろう．

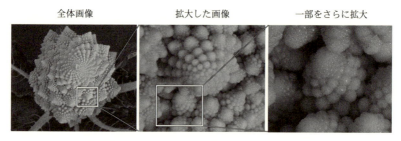

図 8.10　ロマネスコの自己相似構造 (口絵 5 参照)

庭のメタセコイアは一本の幹の周囲に枝が延び，その枝には小さな枝がついている．その小さな枝にはさらに小さな小枝のつく入れ子構造をしている．また，シダの枝には小さな枝がつき，その小さな枝に葉のつく構造である (図 8.11)．よく見ると入れ子構造はたくさんある．

　　　　メタセコイア　　　　　　シダ
　　　　　　　図 8.11

　本章で調べたように，三陸海岸と鹿島灘の海岸線の形状の違いは，両対数グラフで直線の傾きの違いとして表された．これは，スケールによって傾向の変わらないスケール不変性というフラクタル構造の特徴である．

　自然の景観にはロマネスコのように数式で表現したように見える自己相似なフラクタル構造から，海岸線のような地形までさまざまな複雑さがある．この複雑さをフラクタル次元という数量で扱える科学にしたところにマンデルブロの偉大さがある．彼は言う，「自然の幾何学にはフラクタルの顔がある」．

第9章
折り紙で作るフラクタル矩形

本章では自然界に見られるフラクタルの枝道に少し分け入ってみたい．ここでは折り紙を見てみよう．矩形の短辺に対する長辺の比が黄金比になる長方形は黄金長方形として知られる（図9.1）[55]．この矩形の長辺を黄金比に分ける線で分割してできる正方形を除いた矩形は元の矩形と相似になる．その小さい矩形を同じ方法で分割してできるさらに小さな矩形は，再び元の矩形と相似になる．この繰り返しによって自己相似としてのフラクタル矩形が作れる．ここではこの矩形を折り紙として折って作ることを考える．

9.1 自己相似矩形に特別があるか

規格用紙として広く使われている A4 用紙は短辺が 210 mm，長辺が短辺のほぼ $\sqrt{2}$ 倍の 297 mm になっている矩形であり，「シルバー長方形」とも言われる[56]．この矩形を長辺の半分の位置で分割すると出来た矩形は元の矩形と相似になる．

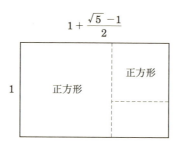

図 **9.1** 黄金長方形

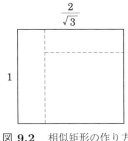
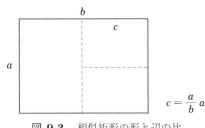

図 9.2 相似矩形の作り方　　図 9.3 相似矩形の形と辺の比

できた矩形の長辺の半分の位置で分割してできる小さい矩形も再び元の矩形と相似になる．この操作の繰り返しでもやはりフラクタル矩形が作れる．このシルバー長方形や黄金長方形は自己相似矩形として特別な型なのだろうか．

たとえば短辺 1 に対する長辺の比が $2/\sqrt{3}$ の場合，それを分割して相似矩形が作れたとすると，できた矩形の短辺の長さは $\sqrt{3}/2$ となる必要がある (図 9.2)．だから分割する位置は長辺の左右どちらかの端から $(\sqrt{3}/2)/(2/\sqrt{3}) = 3/4$ の位置となる．他の長さの矩形はどうなるだろうか．

図 9.3 のように縦を a，横を b とする $a < b$ の任意の矩形から相似形を作る場合，破線で区切られる小さいほうの相似矩形の短辺を c とすると，できた矩形が元の矩形と相似形だとすれば，$a:b$ の比が $c:a$ に等しい．出来た相似矩形の短辺の長さ c は $a(a/b)$ となる．このできた矩形の長辺 a の矩形に元の矩形と相似な矩形をさらに作るとき，作られる相似矩形の短辺は $a(a^2/b^2)$ になる．その次にできる相似矩形の短辺は $a(a^3/b^3)$，次が $a(a^4/b^4) \cdots$ と自己相似矩形が続く．相似条件を満足する矩形は a を決めた後で b を選べばよいので限りなくある．a を 1 とする矩形は bc が 1 となる図形すべてとなる．その条件を満足する中から比較的簡単な比になる型をいくつか選ぶと図 9.4 のようになる．では，紙を折るという操作で自己相似矩形を作るにはどうすればよいか．

9.2 矩形折り紙で作るフラクタル矩形

矩形の紙を折って相似矩形を作る場合，すべてが簡単に折れるわけではない．折り紙は，一般に正方形が使われるが [57]，ここでは自己相似形を作るために矩形を使う．矩形を連続して折って相似形を作るには相似条件を満足する位置で長

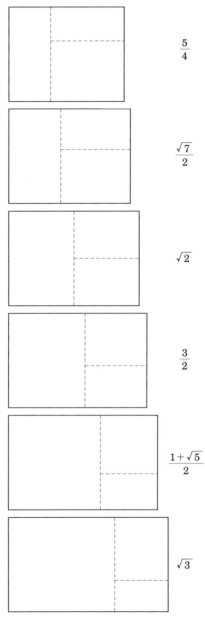

図 **9.4** 短辺を 1 としたときに長辺が簡単な比 (右側) になる自己相似矩形の例

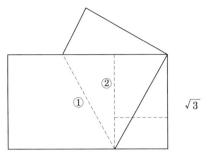

図 9.5　2 回折りでの自己相似矩形

辺を折る必要がある.

　最も簡単に相似矩形が作れるのはシルバー長方形であり，長辺の中央で半分に 1 回折るだけで作れる. 2 回折りで作れる相似矩形が黄金長方形などになる. 長辺を 2 回折るだけで作れる相似矩形なら，長辺が $2/\sqrt{3}$ か，2 であれば作れる. この場合は矩形右端から長辺の 1/2 とその半分の 1/4 の位置でそれぞれ折ればよい. 長辺が $\sqrt{3}$ の矩形も図 9.5 のように 2 回折りで作れる. 矩形の左下端を右上端に合わせて折る 1 回と，その折線と下長辺の交点で短辺に平行に折る 2 回になる.

9.3　3 回折りの相似矩形

　3 回折りで相似形を作る簡単な折り方には，長辺を半分の半分の半分に折る方法がある. その場合，元の矩形の長辺は $\sqrt{8/7}$ か $2\sqrt{2}$ になる. その他に 3 回折りで作れる相似矩形にはどんな型があるだろうか？ b が $\sqrt{7}/2$ の図 9.6 上の例では，最初に短辺を半分に折り，右辺の一方の端を左辺の中点に合わせて折る. 折り線と左辺に近い長辺との交点で短辺に平行に折る. この 3 回折で相似矩形を作れる. 図 9.6 下の $b = 3/2$ の場合は，短辺を半分に折った後，上の例とは逆に左辺の一端を右辺の中点に合わせて折る. その折線と右辺に近い長辺との交点で短辺に平行に折ることで作れる.

　これらの自己相似形の折り方を見つけるにはどうしたらよいか. 正方形折り紙では芳賀定理が知られ，この方法を使えば正方形の辺を任意の整数比に区分する位置を求めることができる[57]. 図 9.7 のように正方形の一辺の半分 x の位置に

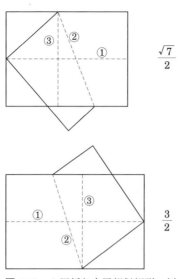

図 **9.6** 3回折り自己相似矩形の例

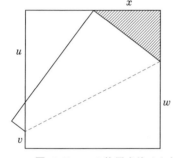

x	$\frac{1}{2}$	$\frac{1}{4}$	$\frac{3}{4}$	$\frac{1}{3}$	$\frac{2}{3}$
u	$\frac{2}{3}$	$\frac{2}{5}$	$\frac{6}{7}$	$\frac{1}{2}$	$\frac{4}{5}$
v	$\frac{1}{8}$	$\frac{9}{32}$	$\frac{1}{32}$	$\frac{2}{9}$	$\frac{1}{18}$
w	$\frac{5}{8}$	$\frac{17}{32}$	$\frac{25}{32}$	$\frac{5}{9}$	$\frac{13}{18}$

図 **9.7** x の位置を決めた折り方 (左) による他辺の整数比区分 (右)

反対側の一端を合わせて折ると隣の辺を 2/3 に区分する位置が決まる (図 9.7 では右下端を上辺に合わせて折り u が 2/3 になる). このとき, 図の斜線部の辺の比が 3 : 4 : 5 の直角三角形になる. 芳賀はこれを発見した[58]. さらに決まった 2/3 の位置に反対側の辺の右端を合わせて折れば, 辺を他の整数比に区分する位置が決まる. 折る位置 x は適当に選ぶことができるのでその他の任意整数比の区分位置が決まる (図 9.7 右). この芳賀の方法を矩形に拡張して適用する. 詳しくは補足 F を参照していただきたい.

9.4 芳賀の方法を拡張する

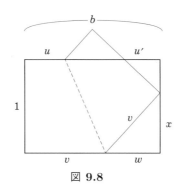

図 9.8

図 9.8 は短辺を 1, 長辺を b とする任意矩形である．この矩形の右端の適当な位置 x に左下端を合わせて折ると辺 u, v, w ができる．矩形が自己相似矩形になるとき，辺 u, v, w または $b-u$ が自己相似条件 $1/b$ を満足する場合の簡単な比になる位置 x と長辺 b の関係およびそのときの折り数について，いくつかの例を表 9.1 にまとめた．

表 **9.1** 拡張方法での自己相似になる条件を満足する短辺 1 の任意矩形の長辺 b と折り数

相似条件	$b-u=1/b$		$v=1/b$		$w=1/b$			
x	1/4	1/2	1/5	1/2	0	1/2	$\sqrt{2}/2$	1
b	$\dfrac{3}{\sqrt{5}}$	$\dfrac{\sqrt{7}}{2}$	$\dfrac{5}{4}$	$\dfrac{\sqrt{5}}{2}$	$\sqrt{2}$	$\dfrac{3}{2}$	$\dfrac{\sqrt{10}}{2}$	$\sqrt{3}$
折り数	7	3	4	3	1	3	5	2

たとえば，w が自己相似条件 $1/b$ になる場合では，長辺 b が 3/2 のときにできる相似矩形の短辺は $4b/9$ になる必要がある．この矩形に正方形での芳賀の方法を使えば相似矩形が作れる．図 9.9 (a) のように短辺の半分と正方形を作り，作った正方形の左上端を短辺の半分の位置に合わせれば正方形の下辺の 2/3 ができる．つまり長辺の $4b/9$ が作れるので自己相似矩形は 5 回折りで作れる．拡張方法の表 9.1 によれば，図 9.9 (b) のように (a) と同じ相似矩形は短辺を半分

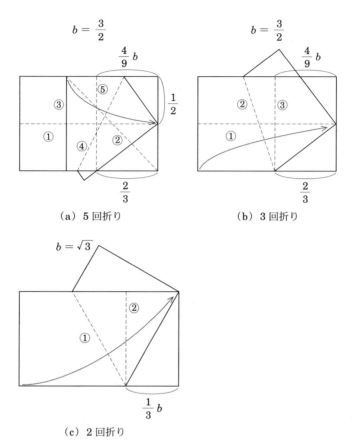

図 **9.9** 拡張方法を使っての少ない折り数と自己相似矩形

に折った場所に左下端を合わせて折れば作れる．だから相似矩形は 3 回折りでよい．さらに簡単な相似矩形は長辺が $\sqrt{3}$ の場合になる．表 9.1 によれば x が 1，つまり矩形の右上端に合わせる折り方でよいことになる．この相似矩形では (c) のように左下端を右上端に合わせて折る 1 回と，折り線と下長辺との交点で短辺に平行に折る 2 回になる．$\sqrt{3}$ 矩形はこの簡単な操作の繰り返しでフラクタル矩形が作れる．

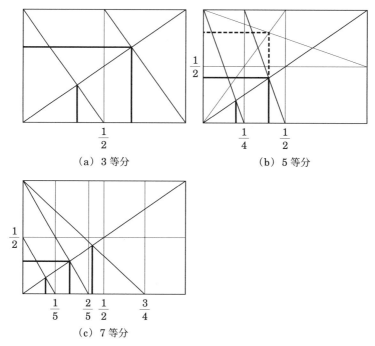

図 9.10　任意矩形の縦横の等分

9.5　自己相似矩形の折り方が決まる

任意矩形の辺の n 等分折りも相似矩形を作るのに利用できる．3 等分は対角線折りと，対角線折りを含まない頂点から長辺の半分へ折った線の交点で折って作る (図 9.10 (a))．5 等分は対角線折りをそのままにして，長辺の半分の半分に折ってできる矩形の頂点と点対称にある頂点を結んで折れば対角線との交点で作れる．半分に折る場所は短辺でもよいので，その場合は (b) のような破線になる．7 等分は (c) のように 4 等分と 5 等分の組み合わせで作ることができる．9 等分もまた 3 等分などを組み合わせて作れる．

b/a が 1〜2 のなかで，比較的簡単な比の大きさと折り数を求めたのが表 9.2 になる．折り数は折り方が異なるために複数ある場合がある．b の分子・分母のそれぞれの数値が大きくなると折り数も多くなり，折り方も複雑になる．また，図 9.11 の例は b が $1 + 1/\sqrt{2} = 1.707\cdots$ の場合である．この場合は元の矩形から

表 9.2 　簡単な比の長辺 b と折り数

b	$c = b^{-1}$	$c/b = b^{-2}$	b/a	折り数
$\dfrac{\sqrt{5}}{2}$	$\dfrac{2}{\sqrt{5}}$	$\dfrac{4}{5}$	$1.11803\cdots$	3
$\dfrac{2}{\sqrt{3}}$	$\dfrac{\sqrt{3}}{2}$	$\dfrac{3}{4}$	$1.15470\cdots$	2
$\dfrac{5}{4}$	$\dfrac{4}{5}$	$\left(\dfrac{4}{5}\right)^2$	1.25	4
$\sqrt{\dfrac{5}{3}}$	$\sqrt{\dfrac{3}{5}}$	$\dfrac{3}{5}$	$1.29099\cdots$	5, 7
$\dfrac{\sqrt{7}}{2}$	$\dfrac{2}{\sqrt{7}}$	$\dfrac{4}{7}$	$1.32287\cdots$	3
$\sqrt{2}$	$\dfrac{1}{\sqrt{2}}$	$\dfrac{1}{2}$	$1.41421\cdots$	1, 4
$\dfrac{3}{2}$	$\dfrac{2}{3}$	$\dfrac{4}{9}$	1.5	3, 5
$\dfrac{\sqrt{10}}{2}$	$\dfrac{2}{\sqrt{10}}$	$\dfrac{2}{5}$	$1.61803\cdots$	5
$\dfrac{1+\sqrt{5}}{2}$	$\dfrac{\sqrt{5}-1}{2}$	$1-\dfrac{\sqrt{5}-1}{2}$	$1.61803\cdots$	2
$\sqrt{3}$	$\dfrac{1}{\sqrt{3}}$	$\dfrac{1}{3}$	$1.73205\cdots$	2

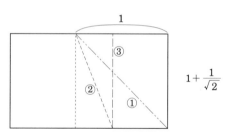

図 9.11 　3 回折りで作れる他の例

相似矩形を作る側で正方形を作るように対角線を山折りにする．その山折線①を短辺に平行な線に重ねるように折る．その四分の一折線②と下長辺との交点で短辺に平行に折る．この 3 回折りで自己相似矩形を作れる．このような自己相似矩形の折り方はまだ検討の余地がある．

以上，見てきたように芳賀定理の拡張と辺の n 等分とによって自己相似矩形の折り方が決定できる．最も簡単に作れる自己相似矩形は長辺を半分に1回折ることで作れるシルバー長方形であり，規格用紙のA4版や書籍として普及している．長辺が $2/\sqrt{3}$ や $\sqrt{3}$ の場合の自己相似矩形は2回折りで作れ，黄金長方形との折り数での差異はない．3回折りで作れる自己相似矩形の中で，長辺が $3/2$ の矩形は元の型が正確に作れ，バランスもよいことから他の用途に使える利点がある．

第10章
らせん構成点の画素への利用

10.1 表示装置の画素構成

スマートフォン (以後スマホという) の画像は精細で美しい．その画像は小さな画素 (ピクセル) を図 10.1 のような構成で RGB 3 原色の発光部にそれぞれの色を表示させて実現する [59]．図 10.1 は代表的なスマホ，液晶テレビおよびブラウン管の画素配置である．それぞれの表示画素には工夫がみられるが，基本的特徴は光の RGB 3 原色のサブピクセルをひとまとめの画素として等間隔に配置していることにある．この等間隔に固定された全画素に画像情報が供給されることによってまとまった像として表示される．

パイナップル鱗片を真似たらせん構成点の配置 (パイン配置) では，正方形を除いて点と点がすべて等間隔というわけではない．この配置が画素として使える

図 10.1　代表的なディスプレイでの画素構成．画素はすべて等間隔

かどうかを検討してみよう．

　画素の条件には何が必要か？　図 10.1 に示したように並び方は単一ではないが，画素は等間隔でしかも場所が固定されている．画素位置が固定されているのは，常に画像情報を決まった位置にある画素で表示しなければならないからである．しかし，干渉縞としてのモアレの問題を根本的に解決しようとすると，等間隔でない画素配置が必要となる．そのためには，画素の位置が特定でき，一定以下の細かさで，画素分布がほぼ一様，かつ非等間隔な配置が実現できれば良い．

　パイン配置の適合性はどうだろうか？　第 4 章で見たようにパイン配置の点位置は点数で決まる．また，一方向の連なり点の間隔とそれに交差する連なり点の間隔は等しくない (図 4.9)．さらに，任意の連なり点の方向と交差する連なり点の方向のなす角は 90° ではない．この特徴は画像表示に生かされると思われる．

10.2　パイン配置での表示

　パイン配置の各点を画素として任意点数を表示してみよう．図 10.2 左上の元画像は 204624 画素ある．この画像を通常の液晶を使ってパイン配置で決まる表示位置に表示したのが右上である．それ以後は 20000, 2000, 200 そして 47 点の場合について任意の大きさの円で表示した．

　点数が少なくなるに従って画像は荒くなるが元画像のイメージが忠実に再現されている．たとえ点数が 47 の素数であっても一様に表示されており，応用はたくさんありそうである．

10.3　ヒマワリ配置での表示

　ヒマワリ配置も円内で点がほぼ一様に分布する．そこで各構成点の分布状態を調べてみる．図 10.3 はヒマワリらせんを真似る方法で 1000 点まで描き，各点からの半径が距離 20 以内の点数を数えたものである．横軸が構成点の No.，縦軸が含まれる点数である．No.140 付近までは一様に近く，平均個数が 399 ± 5 であるが，それ以降は漸減する．漸減するのはここから先の点 No. では半径 20 が点 No.1000 の位置よりも外側になってしまい表示点がないからである．

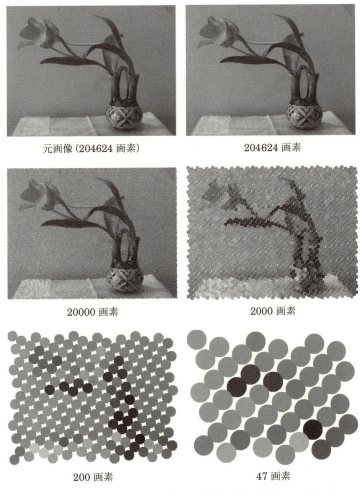

図 10.2　左上の元画像を任意の画素数の適当な大きさの円で表示した画像 (パイン配置，口絵 6 参照)

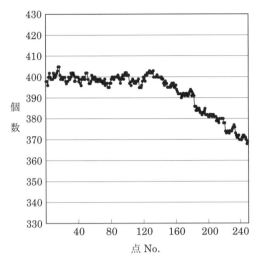

図 10.3　ヒマワリ配置での半径 20 以内の点数

元画像 (374519 画素)　　　9973 点　　　10000 点

図 10.4　左の元画像からヒマワリ配置での任意点数を抜き取った表示 (口絵 7 参照)

　ヒマワリ配置の点分布もほぼ一様なので，画像表示してみる．図 10.4 左はニューヨーク，バッテリー公園の船着き場から見た自由の女神像の縮小画像である．374519 画素ある元画像から任意の半径でのヒマワリ配置構成点の 9973 個を抽出してそれを表示したのが中央で，その右は小さな 10000 点を抽出して表示した画像である．両画像ともほぼ一様に表示されている．

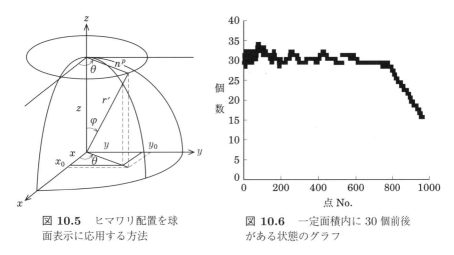

図 10.5　ヒマワリ配置を球面表示に応用する方法

図 10.6　一定面積内に 30 個前後がある状態のグラフ

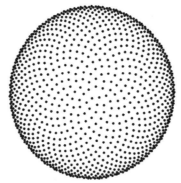

図 10.7　半球上での 1000 点

10.4　球面表示に応用する

　円内での表示が一様にできるならば球の表面にも一様に表示できるのではないか．そのためにはどうしたらよいだろうか．この実現のために，図 10.5 のように上側の円内のヒマワリ配置を球面上に投影することを考える．具体的手順については補足 G を参照していただきたい．この方法での点の一様さを，1000 点について示したのが図 10.6 である．図で No.800 くらいまでは一定なことから，この方法での球面上の点分布はほぼ一様なことがわかる．この 1000 点を半球に

元画像　　　　　　　ヒマワリ配置での表示　　　　半球面での表示

図 **10.8**　平面画像のヒマワリ配置での表示と球面への投影 (口絵 8 参照)

投影し，上から見ると図 10.7 のようになる．

　図 10.8 左はイスタンブールのタクスィム広場から地下ケーブルで下った駅のすぐ近くにありボスポラス海峡に面したモスクである．この画像から任意に 25000 点をヒマワリ配置で抽出し，そのまま円内に表示したのが図 10.8 中央である．同じ点数を上の方法で半球面上に投影したのがその右の画像である．

　半球面では，平面で直線であったものが周辺部では湾曲して見える．平面画像を球面に表示できるということは，方法を逆にすれば球面の画像を円画像に変換できることになる．球面画像から円画像への変換には魚眼カメラなどが使われ，幾何学的な数値処理で対応している．

　パイン配置とヒマワリ配置の画素では，液晶などに使われている等間隔画素配置と同じように画像表示ができる．それに加えて画素が等間隔でなく，任意点数の画素でも表示できる特徴がある．

第11章
モアレ縞を防ぐ

　スマホやデジカメなどのディジタル機器を日常的に使用するようになり，モアレ縞，つまり干渉縞もまた身近になった．縞模様はワイシャツの縞柄，網戸，レースのカーテンなどさまざまなところにある．だからモアレ縞もしばしば見られる．これは等間隔の縞模様と画像表示装置の等間隔な画素が干渉して起こす現象である．それゆえ，モアレはディジタル表示では避けられず，また画素間隔の異なる表示装置ごとに異なるモアレ模様が生じるという問題がある．図11.1左はどこにでもあるワイシャツの縞柄であり，右は縞の画像を液晶画面に表示したときに出来たモアレ縞である．モアレが現れるとワイシャツ本来の縞柄はもう見ることはできない．それだけでなく誤った情報が伝わる．この種のモアレは，たとえば網戸など，画像に等間隔の模様があれば常に出現の可能性がある．

　どうしてモアレ縞が見えるのかを，原理で確かめてみよう．図11.2左上は等

縞柄ワイシャツ　　　　　　　　モアレ縞

図 **11.1**　ワイシャツの縞柄模様と表示装置の画素の干渉によるモアレ縞

　　　　表示したい縞の画像　　　　　　　表示するための画素

図 11.2　モアレ縞の生じる原理，上の二つの画像と画素を重ねてモアレ縞 (下) の生じる様子

間隔な縞であり，これを表示したい画像とする．右上はこの画像の縞と間隔の近い表示するための画素と想定する．両者を重ねるとお互いが干渉して図 11.2 下のような表示になり，モアレ縞が現れる．現在のディジタル表示では，等間隔な画素を使っているので，縞や格子などの画像と画素の干渉が避けられない．しかも，画素の間隔は表示機器によって異なるので，ある表示装置では現れなくても画素間隔の異なる別の表示装置では現れるということがある．モアレの出方はそれぞれの機器によって異なるという厄介な問題である．

　パイン配置は，画素が等間隔でないという特徴をもつ．ここでパイン配置の画素配置としての効果を確かめよう．図 11.3 左上は元画像でモアレが起きやすいように等間隔の線で作ってある．右上は元画像を小さくして通常の液晶画面で表示させたときの実際に生じたモアレである．比較のために元画像の大きさまで拡大してある．下の 2 画像はシミュレーション画像であり，モアレが見やすいように元画像の 8×8 ドットを 1 画素として扱った．左下は等間隔画素配置で元画像を表示した場合であり，右下はパイン配置で表示した結果である．等間隔画素配置では実際のモアレとほぼ同じ模様が再現される．他方，パイン配置でも斜めの部分には実際のモアレとは異なるがモアレ縞が見られる．等間隔画素配置では本質的にモアレに対する解決策がないのに対して，パイン配置では大きく軽減される．

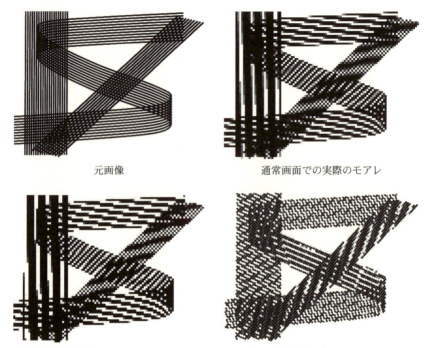

元画像 通常画面での実際のモアレ

等間隔画素配置でのシミュレーション パイン画素配置でのシミュレーション

図 **11.3** 左上の元画像によって生じる実際のモアレ (右上) とシミュレーション像 (下)

11.1 くい違い度による一様性の評価

画像を表示するためには画素の一様性が必要であり，モアレ縞が生じないためには画素の非等間隔が要求される．この一様性について，画素の等間隔配置とパイン配置やランダム配置とを比較検討するとき，その評価にくい違い度 (ディスクレパンシー) を使う方法がある (補足 H) [61]．

各配置内の 36 点について比較する (図 11.4)．ランダム配置の点位置は Excel に備わっている乱数発生のための RAND 関数を使った 1 回の結果を採用した．

この方法によって各点配置の内部の □ で代表させた一定領域の 4 か所についてランダムにサンプリングする．各図の上にある括弧内の数値は結果の平均であり数値が小さいほど一様なことを示す．たとえば，等間隔配置の □ 内には 12

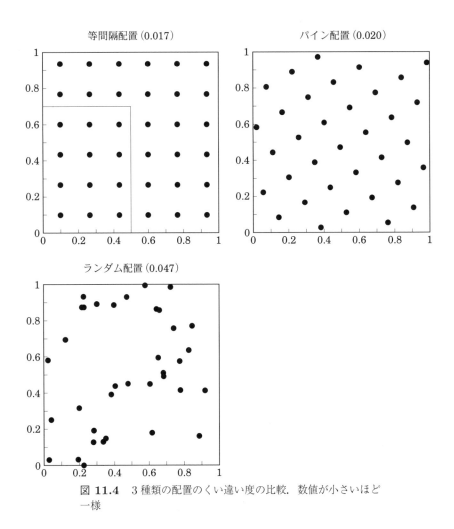

図 11.4　3 種類の配置のくい違い度の比較．数値が小さいほど一様

点あるので濃度は 12/36 で 0.333, □ の面積は 0.5 × 0.7 で 0.35, 差の絶対値が 0.017 となる．これらの結果は目で見たイメージに対応する．

　画素配置によるモアレの様子の違いを実際の画像で確かめてみよう．図 11.5 左上は通常の網戸であり，右上の小さい画像が実際のモアレ像でその下が拡大したモアレ画像である．下側は上の元画像のシミュレーション画像であり，左はパイン画素配置，右は等間隔画素配置による画像である．パイン配置を使った場合ではモアレが生じないが，等間隔画素配置では実際の画像と酷似した著しいモア

第 11 章　モアレ縞を防ぐ　　85

網戸の元画像

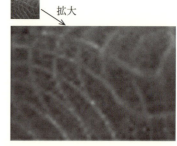
実際に見えるモアレ(左上)とその拡大像

パイン画素配置

等間隔画素配置

図 11.5　網戸の元画像 (上左) と実際のモアレ (上右) とその拡大像，下側は元画像をパイン配置 (下左) と等間隔画素配置 (下右) によるシュミレーション画像

レが生じる．このようにパイン配置を画素配置として利用すればモアレ軽減に役立つ．この他のモアレ対策としては，超一様分布 (LDS) を改良した改善報告もある [62]．

――光の干渉を利用する――

　　ディジタルの表示装置につきもののモアレ縞は細かい画像を見えにくくする厄介者だが，人はむしろこれまで原因になっている干渉を利用してきた．市販されている回折格子を蛍光灯にかざすと，回折と干渉によって光に含まれる色が分かれて虹色が見える．蛍光灯と目を結ぶ直線から最も遠い位置に赤色が見え，次に緑があり，いちばん近くが青紫色になる．波長の長い赤い光ほど大きく曲がる．この曲がり方は，青紫の光ほど大きく曲がる虹やプリズムとは逆になる．それは回折格子を通り抜ける光の波の位相がうまくつながるという同じ理由からである．

このため，光源と目を結ぶ直線からの距離や見える色の方向の角度を正確に測ることができれば光の波長を求めることができる．可視光の波長は 380〜750 nm なので目に見えるスケールで直接測ることはできないけれども，この干渉の原理によって現象を拡大して観測することができる．たとえば，蛍光灯の発光波長に含まれる黄緑色の波長 546 nm の波長を測る場合，市販の回折格子を購入して簡易分光器を組み立てれば簡単に測定できる．

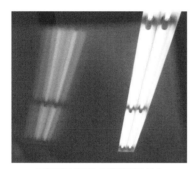 

回折格子を通して蛍光灯を見る　　　　　夕方の主虹と副虹

図 11.6　光の干渉 (口絵 9 参照)

同じ電磁波でも波長の短い X 線では結晶の格子面が回折格子の役割を担う．だからあらかじめ波長の分かっている X 線を使って回折を観測し，曲がる角度を正確に測定すると回折に寄与する結晶格子面の間隔，つまり結晶を構成する原子の間隔がわかり構造解明に使える．この X 線回折の発見でラウエはノーベル物理学賞を受け，物質構造の解明に寄与した．寺田寅彦もまた貧しい実験装置で干渉スポットの動きを観測したことで知られる．この実験結果に刺激を受けた西川正治が空間対称性を利用してスピネルの構造を決定し，日本の回折結晶学を世界の最先端に導いた．

先端の科学分野に卓抜した研究者が集まり，KEK-PF[1] や SPring-8[2] その他の放射光利用の道が開かれ，今日なお世界をリードしている．こうした土壌の上に菊田の優れたテキストが公になり [63]，この分野での日本の研究水準が維持されている．

---

[1] KEK-PF: https://www.kek.jp/ja/Facility/IMSS/PF/
[2] SPring-8: http://www.spring8.or.jp/ja/

第12章
矩形内の一様サンプリング

　データサンプリングにおいて，恣意性の入らない代表として最も一般的に使われる方法にランダムサンプリングがある．ここではヒマワリ配置やパイン配置でのサンプリングを検討しよう．目的は"これらの配置はサンプリングに使えるか"である．

　正方形内に1000点を配置するとき，ランダムに点位置を決めると図12.1左のような一様な配置になる．空間内のサンプリングはこれらの配置を使ってなされる．ランダム配置にコンピュータの疑似乱数を使えば，毎回異なる配置パターンを使うことができる．ランダムサンプリングでは点数が同じでもその度に異なる結果が返される．パイン配置ではサンプリング点数が同じならば常に同じパターンである(図12.1右)．このパイン配置を使ったサンプリングをパインサンプリ

ランダム配置

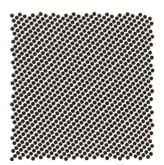
パイン配置

図 12.1　正方形内1000点の配置

ングと呼ぶ．パイン配置での点分布は任意の矩形内でいつも一様なので，パインサンプリングでは矩形内から常に一様にサンプリングできる．その結果，サンプリング個数が異なってもそれに応じたサンプリングがただ一つに決まり，得られる平均値もただ一つである．

12.1 サンプリング画像を表示する

ヒマワリ配置やパイン配置の点分布は，円および矩形においてほぼ一様に分布する．これを利用すると円や矩形内で任意点数による一様なサンプリングが可能になる．

ランダム配置とパイン配置でのサンプリング結果の画像を比較してみよう．ランダム配置ではサンプリングごとに配置が異なるので任意の乱数1回を例にとる．この乱数はコンピュータ内蔵の疑似乱数である．他方，パイン配置は点数が同じならば結果はいつも同じである．図12.2上の深谷駅の250000画素ある画像から50000画素をサンプリングして表示してみよう．見てすぐわかるとおり，左下がランダム配置，右下がパイン配置である．この画像は元画像から20%の50000画素をサンプリングして，そのままの位置に表示したものである．ランダム配置では表示位置をランダムに決めて画素を表示するため，画像から元画像を把握するのが困難となる．他方，パイン配置の画像からは少ない画素であってもここが駅らしいことは一目瞭然である．

パイン配置による任意点数のサンプリングとその表示結果をみてみよう (図12.3)．画素数は，素数を交えて10000, 3000, 997, 101点をサンプリングする．表示点の大きさは点数に合わせて適当な大きさとし，画素の表示形は円とした．サンプリング点数が3000点以下になるとこのパイン配置でも内容の把握は困難である．画像の点配置はサンプリング点数が素数であっても常に全体に均一になる．このことは，通常の画像であれば元画像の20%程度の画素数のサンプリングとその表示で元画像の内容を認識できることを意味する．

ヒマワリ配置でのサンプリングではどうだろうか (図12.4)．パイン配置と同様に素数を交えて10000, 3000, 997, 101点をサンプリングして表示する．この配置でも画素の一様さが保たれているので画像は把握しやすいが10000点以下

元画像(深谷駅)

ランダム配置

パイン配置

図 **12.2**　上の元画像 (250000 画素) から 50000 画素をサンプリングしての表示 (下)

になると風景らしいが駅との識別が難しくなり，3000 点以下では景色かどうかさえ識別が困難になる．

　このパイン配置とヒマワリ配置によるサンプリングと表示結果は，矩形や円内における任意点数のサンプリングを可能とするものであり，応用範囲は広い．

図 **12.3** パイン配置でのサンプリングとその表示

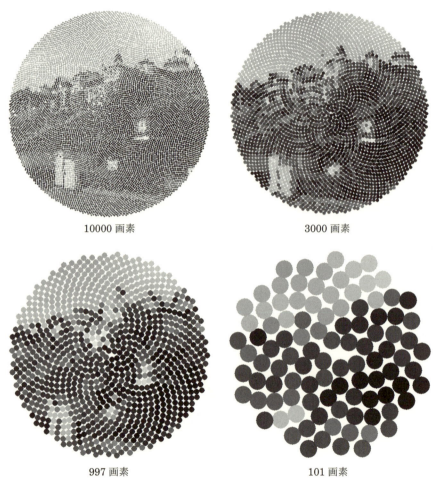

図 **12.4** ヒマワリ配置でのサンプリングとその表示 (口絵 10 参照)

第13章
画像の視認を速める

眼の誕生によって動物は明るさだけの知覚から形が見えるようになった[64].人は自分に向かって飛んでくる物があるととっさに避ける.それはその物が当たってダメージを受けるかもしれないという経験に基づいている.もしも早いタイミングで危険を避けることができれば有用である.ここでは視認の速さについて検討しよう.

13.1 視認性がなぜ問題になるか

コンピュータの誕生のころから,人はその利用法として数量計算だけでなく,文書や画像も対象にした.当初は通信速度が遅かったため,画像全体を時間的に速く認識することは切実な問題であった.コンピュータの性能が向上した今日でも画像認識の速さは対応の速さに直結する重要な問題である.陰極線管時代の視認性向上は走査表示を数行おきに表示して次第に全体の解像度を上げていく「インターレース」が基本であり[1]),時間的に速い段階での認識が可能となる.通信速度と表示の空間分解能向上とともに,あらかじめ小さい画像を画面の一部に表示してプレ情報を提供する「サムネイル」の手法が主流となる.さらに,液晶のように画素単位の表示ができるようになると,画素を画面全体にばらまく新たな分散表示が可能となる.

図13.1は元画像の画素の20%をばらして表示した画像である.通常の画像であれば,これで十分に深谷駅と認識できる.少ない表示画素数で認識できれば時

[1)] http://ja.wikipedia.org/wiki/インターレース

図 13.1　元画素数の 20%表示の深谷駅

間的に速い対応ができる．しかし，この視認を速めるためには越えなければならない壁がある．それは縦横の長さ (アスペクト比) が違っても，また画素数が違ってもいつも画面全体を認識する必要があるからである．そのためには画素が常にうまくばらまかれる必要がある．その分散のための方法を検討しよう．

13.2　どのように分散するか

　レンダリングでは，一般にモデリングで作った 3 次元空間のフレーム情報から入射光や表面の色や形状に合わせて平面画像を生成する．この処理はレイトレーシングに代表されるように，詳細なリアルイメージに近づけるほど膨大な計算時間を必要とする．このため時間的に早い段階での認識ができれば最終結果を待たなくても次の対応ができるので都合が良い．そのための分散化表示の方法の一つとして高速レンダリングが知られている．

　アンダーソンによるその方法は，変形フィボナッチ数を利用して対象空間内の位置を重複することなくばらして求めるものである[65]．利用する変形フィボナッチ数 A は次の決まりで作る．

表 13.1 アンダーソンの方法による最初の 20 組の座標位置

x_m	9	1	6	3	8	0	5	2	3	8	0	5	2	7	4	0	5	2	7	4
y_m	9	8	7	5	4	3	2	0	8	7	6	5	3	2	0	9	8	6	5	3

$$A_n = A_{n-1} + A_{n-3},$$

0, 1, 1, 1, 2, 3, 4, 6, 9, 13, 19, 28, 41, 60, 88, 129,
189, 277, 406, 595, 872, 1278, 1873, $\cdots$

たとえば，100 万画素程度の表示画像であれば 1000×1000 画素くらいを想定する．x, y 方向ともに 1000 を越える必要があるので，数列から x 方向を $A_x = 1278$，y 方向を $A_y = 1873$ に決める．画素の座標位置を (x_m, y_m) とするとき，x_m, y_m の組は数列から A_x, A_y よりも小さくて素な $In = 595$ を増分とすれば次式から求まる．

$$x_m = \mathrm{MOD}((x_m + In), A_x), \quad y_m = \mathrm{MOD}((y_m + In), A_y)$$

$\mathrm{MOD}((x_m + In), A_x)$ は「$(x_m + In)$ を A_x で割った余りを返す」の意味で使われる．x_m, y_m の初期値を 0 とすれば，(x_m, y_m) の組は (595, 595)，(1190, 1190)，(507, 1785)，(1102, 507)$\cdots$ と順に求まる．これを $A_x \times A_y$ 回計算すればすべての組が決まる．ただし，表示位置に必要な組は求めた (x_m, y_m) のどちらかが画像の大きさを越えない値である．このため，この方法では表示に使わない多数の組も計算するので無駄が多い．

10×10 区画平面の空間での表示がどうなるかを調べよう．$A_x = 13$，$A_y = 19$ とし，増分は $In = 9$ とする．求まった x_m, y_m のどちらかが 10 を越えた場合の組を省くと，画素全体の 20%の結果として最初の 20 組が表 13.1 のように求まる．

この表の組は図 13.2 上のように ■ で表示するパターンとなる．また，20×5 平面では増分は同じで $A_x = 19$，$A_y = 13$ として求めると図 13.2 下のパターンになる．ある程度は分散するが，この方法で利用する変形フィボナッチ数列は対象矩形の縦横の大きさを越えた数値の組も計算されるために無駄な処理が多い．さらに，この数列には 60 と 129 や，872 と 1278 のように公約数をもつ数値の組があるために，それを選ぶことができないという重大な問題がある．

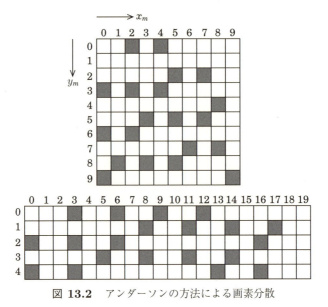

図 13.2 アンダーソンの方法による画素分散

13.3 素数による分散

　画像の視認性を速めた対応をとるためには無駄な処理をできるだけ少なくする必要がある．画像に合わせて画素を分散するためには，画像に対応する増分が素数であれば互いに素になるからよいはずである．たとえば，画素が $10 \times 10 = 100$ の画像の場合，割る数 G_n が 100 で増分 In を 100 以下の素数 $(1, 3, \cdots, 37, \cdots, 61, \cdots)$ のどれかに選べば，余り R_m は次のように決まる．

$$R_m = \mathrm{MOD}((R_m + In), G_n)$$

増分は 100 未満の繰り返しの間隔となるので，できるだけばらばらにするには 0 からも 100 からも近すぎず，遠過ぎない距離の数がよい．

　ではどのような素数がよくばらつくだろうか．ここでエントロピー最大から求められた黄金比 (記号 τ) を使うとでたらめさが多くなることが期待される．増分としては $100/\tau^2$ 以下でこの値に最も近い素数を検討する．これを $[100/\tau^2]_{素数}$ と書き，37 が決まる．同様に $100/\tau$ を越えない最も近い素数 $[100/\tau]_{素数}$ は 61 となり，これも検討する．

表 13.2　増分 37 による 100 個の分散の番号順

37	74	11	48	85	22	59	96	33	70
7	44	81	18	55	92	29	66	3	40
77	14	51	88	25	62	99	36	73	10
47	84	21	58	95	32	69	6	43	80
17	54	91	28	65	2	39	76	13	50
87	24	61	98	35	72	9	46	83	20
57	94	31	68	5	42	79	16	53	90
27	64	1	38	75	12	49	86	23	60
97	34	71	8	45	82	19	56	93	30
67	4	41	78	15	52	89	26	63	0

　増分として 37, R_m の初期値として 0 をとれば，表 13.2 のように重複することなくばらけて求まる．数値の 10 の位を行番号に，1 の位を列番号にとって最初の 20 項について数値を ■ でマス目に描くと図 13.3 左上のパターンになる．右上は増分を 61 とした場合のそれである．下の横長パターンは増分 37 を使って一行 20 マスで図示した．パターンで見る限り増分 37 の方がうまく分散するように見える．

　深谷駅の画像で確認しよう．元画像 500×500 = 250000 画素を増分 $[100/\tau^2]_{素数}$ の 95483 と増分 $[100/\tau]_{素数}$ の 154501 で全体の 20%までを分散した結果を表示する (図 13.4)．一見して左図の分散が良いように見える．しかし，どんなアスペクト比でもどんな画素数でも増分の素数がうまく分散するかは，多くの素数を調べてみないとわからない．

13.4　分散化を評価する

　分散に使う最適な増分はどうすれば決められるか．深谷駅の元画像での分散をランダムサンプリングで調べてみよう．

　増分に素数を使う方法で元画像を分散して全画素数の 20%を表示させる．表示させた画像内を 10×10 画素の矩形で 5000 回ランダムサンプリングして矩形内の表示点数を計数する．表示点数の平均と期待値点数との差としての偏差を

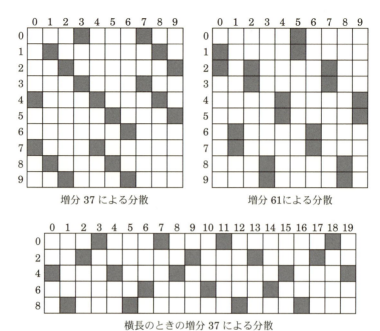

増分 37 による分散   増分 61 による分散

横長のときの増分 37 による分散

図 **13.3**　100 のマス目での素数を使った分散

増分 [画素数/τ^2]$_{素数}$ = 95483 による分散　　増分 [画素数/τ]$_{素数}$ = 154501による分散

図 **13.4**　元画像 $500 \times 500 = 250000$ 画素を二つの素数を使って分散表示した画像

図 13.5　分散の偏差の違いによる表示の違い (口絵 11 参照)

絶対値で評価する．たとえば，20%表示の矩形内の期待値点数は 20 なので，偏差はこの平均表示点数と期待値点数との差になる．この検討については補足 I を参照していただきたい．250000 画素の深谷駅では増分として $[画素数/\tau^2]_{素数} = 95483$ 付近を利用すれば偏差が 0.01 以下と小さくなり，画素がよくばらついた図 13.4 左の画像結果が得られる．

図 13.5 は偏差の違いによる画像の違いを深谷駅画像の 20%分散表示で示した

第 13 章　画像の視認を速める

図 13.6 　元画像の深谷駅の時間に伴う表示．増分は 95483，表示は 2×2 画素 (口絵 12 参照)

ものである．左上から偏差が 0.006, 0.05, 0.1, 0.3 の順で，偏差が大きいほど濃度の偏りが顕著で違いが明瞭になる．この表示では画像がわかりやすいように画素の大きさを 2×2 画素にしてある．20%表示でのこの結果では偏差が 0.01 以下であれば識別しやすく，視認性が向上する．

　この分散表示の利点は画像が時間的にも全体に分散することなので，その表示順を 10, 20, 40, 70%の表示でみてみる (図 13.6)．元画像は図 13.6 の場合と同

じで増分は 95483 である．ここに見るように元画像は画面全体に分散されながら次第にイメージが明確になるので時間的に早い段階での視認が可能となる．

13.5 任意画像の分散化

対象画像のアスペクト比や大きさは任意である．分散の度合いを評価するために，アスペクト比や画像の大きさの異なる画像それぞれについて増分を変えた分散の違いを調べる．調べる方法は前と同じであり，画素を分散して表示した結果の画像からのサンプリングによって画素の均一性が求まる．ここでは分散の程度を確かめるためにパインサンプリングを利用した．サンプリング領域は 10×10 画素の矩形で，平均表示点数と期待値点数との差として偏差で評価する．サンプリング個数は 5000 とした．この差が小さいほど分散がよく均一であることを意味する．

この検討も補足 I にまとめたので参照していただきたい．その結果によれば，アスペクト比を変えた場合の分散は増分によって変化する．アスペクト比 1.5625 の 250000 画素 (625×400) の元画像の場合，図 13.4 と同じ増分 95483 を使うとうまく分散させることができる (図 13.7 上左)．同様に 640000 画素 (1250×512, アスペクト比約 2.44) の元画像の場合，[画素数/τ^2]$_{素数}$ で得られる素数 244471 を増分として使うと偏差が 0.01 よりも小さい良好な分散が得られる (図 13.7 下)．また，正方画像においても，画素数を変えたときの分散が増分に伴って変化し，やはり [画素数/τ^2]$_{素数}$ による増分 157507 を使った場合の偏差が 0.01 よりも小さく分散が良好になる (図 13.7 右上)．各画像は紙面に合わせて縮小してある．

このようによく分散する素数は画素数を τ^2 で割って得られる値付近であることがわかった．このことは，元画像の 20%程度からこの方法で情報取得すれば大まかな画像認識が可能で，視認性が向上することを示す．この方法は円形の画像にも適用できるので応用範囲が広がると期待される．

625×400 画素，増分 95483

600×600 画素，増分 157507

1250×512 画素，増分 244471

図 **13.7** アスペクト比や画像の大きさを変えたときの素数増分を使った 20%表示の分散画像

第14章
らせん構成点を使って区分和を求める

本章の目的はパイン配置が区分和の計算に使えるかどうかを調べることにある.

14.1 区分和で面積を求める

コンピュータを使えば積分が楽にできる. たとえば, 図 14.1 の $y = x^2$ 曲線と x 軸の区間 0 と 1 で囲まれた曲線の下側部分の面積 S は定積分から 1/3 とわかっている. 部分の和が積分だから, 面積 S は図のように 10 に区分した灰色の四角の面積を足し合わせれば近似できる. 10 区分のときの区分和は Excel を使って合計すると 0.3325 になる. たった 10 区分でも $1/3 = 0.3333\cdots$ にけっこう近い. しかし, まだ誤差が大きいので 1000 区分して足し合わせる. するとその区

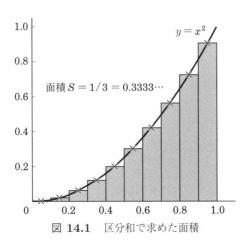

図 14.1　区分和で求めた面積

図 14.2　二重振り子

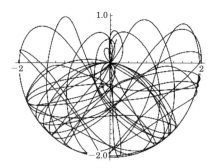
図 14.3　先端質量の軌跡 (九州大学[68])

分合計は 0.33333325 になる．1/3 との一致の程度は 0.99999976 となり，9 が 6 個も続く six9 となる．これは素材の純度でいえば超高純度である．科学での多くの表記が近似であることを考えるとこの区分和は面積 S に極めて良く一致していると言える．たかだか 1000 区分の足し算であれば Excel で簡単に求まる．

このようにコンピュータによって区分和として求める積分を数値積分といい，精度良く求まるので利用価値が高い．この数値積分の利点は解析的な結果，つまり通常の手続きの積分によって得られる原始関数などの式がなくても積分結果の数値が得られることにある．では通常の手段でも積分できないとはどんな場合か？

14.2　解けない問題

ニュートンは自ら提案する運動の解を得る必要性から微積分法を発明した[67]．その後の傑出した人々によって作られた微積分法が利用できることで私たちは多くの恩恵を受けている．高校で学ぶ積分法は，解析的解として数式が得られる可積分である．だから，積分はすべて式の形での結果が求まると思い込んでいないだろうか．しかし，式の形で解が求まらない積分もあるのだ．

カオスの発見につながったローレンツの式や簡単な二重振り子のモデルの振る舞いを表現する式は作れない．通常の手続きでは微分方程式を解いて式を得ることができない．つまり，積分ができない．図 14.2 は二重振り子で図 14.3 はその

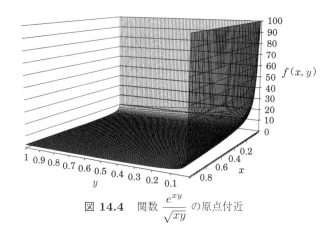

図 14.4 関数 $\dfrac{e^{xy}}{\sqrt{xy}}$ の原点付近

先端質量の軌跡である．とても複雑な動きでこれを表現する式はとても作れそうにない．そのためコンピュータを使って数の集合を求め，シミュレーションでその様子を観察する方法がとられる．

太陽，地球，月の相互作用を同時に扱う三体問題も一般解が得られない．一般的に，剛体の運動の問題は積分不可能である．これを非可積分という．これは積分可能な問題のように，運動のすべての軌道を未来永久にわたって知ることはできないという意味である．自然界では積分の解が解析的に求まらないことこそがむしろ一般的である[69,70]．それゆえ，非可積分の問題では区分を加え合わせて数の集合を得る数値積分が重要な意味を持つ．

運動方程式を解いて運動の様子を知ることの重要性は今でも全く変わらないが，式が解析的に求まらなくても計算による結果が比較的簡単に得られれば，その運動の様子を知ることができる．実際の予測が難しく，長期間安定もしないようなカオス的運動もコンピュータを使って知ることができる．

14.3 単純な区分和では困難な問題

単純な区分の足し算による数値積分がいつでもうまくいくわけでもない．たとえば $\dfrac{e^{xy}}{\sqrt{xy}}$ の積分の場合，この関数は図 14.4 のように x 軸，y 軸付近で急激に大きくなる[71, p.77, 72, p.205]．このため区分和による計算では軸付近を細かく分

表 14.1　$k=9$ としたときの $F_8=21$, $F_9=34$ の場合の (x,y) の組

j	1	2	3	4	$\cdots$	29	30	31	32	33	34
x	1	2	3	4	$\cdots$	29	30	31	32	33	0
y	21	8	29	16	$\cdots$	31	18	5	26	13	0

ける必要がある．この例では解析的な結果を求めることができ，その積分結果は 4.540419758842611 と求められている．

前と同じような区分和による数値積分では x,y の 2 変数なのでともに小さく区分してその面から x-y 平面までの区分空間を加え合わせればよい．Excel で求めたいが，10 万点以上になると遅くなることや，後で実行する方法と比較するためプログラムを組んで計算する．等間隔の区分点，約 3000 点の結果では図 14.9 (p.110) のように誤差が 1% もある．このような等間隔の区分では誤差が大きい．ではどうするか．

14.4　優良格子点法

数値積分で誤差の少ない方法として優良格子点法 (Method of good lattice points) が知られている [73]．区分として使う点配置はフィボナッチ格子とよばれている配置 (以後 F 配置という) であり，単位正方の x-y 平面での点位置は次のように決まる．

$$(x,y) = \{\mathrm{mod}(j, F_k), \mathrm{mod}(j \times F_{k-1}, F_k)\}, \quad (j=1,2,\cdots,F_k)$$

$\mathrm{mod}(j, F_k)$ は j を F_k で割った余りを返す関数で，F_k は k 番目のフィボナッチ数である．$k=9$ としたときの $F_8=21$, $F_9=34$ の場合の (x,y) の組を順に求めると表 14.1 のようになる．

図 14.5 はこの (x,y) の組を $F_9=34$ で規格化した単位正方格子内での配置である．このような位置にすると軸付近でも一定の割合で点が配置される．

他方，パイン充填の方法によれば，x-y 平面での配置 (以後 P 配置とする) は次式で求まる．

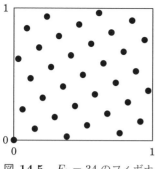

図 14.5 $F_9 = 34$ のフィボナッチ格子点

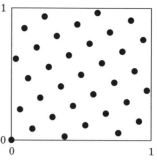

図 14.6 $n = 33$ までのパイン配置点

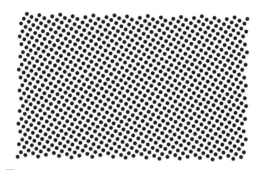

図 14.7 $n = 997$ で任意アスペクト比のパイン配置

$$(x, y) = (\theta, l) = \{\mathrm{mod}(n\phi, 2\pi), n\}, \quad (n = 0, 1, 2, \cdots)$$

図 14.6 は $n = 33$ の 34 点について上式で計算し，横軸 x は 2π，縦軸 y は $n_{\max} = 34$ で規格化した図であり，フィボナッチ格子と同じ配置が得られる．F 配置は F_k で規格化されて基本的に正方であるが，P 配置は任意の点数とアスペクト比の場合でも一様な点配置として利用できる．図 14.7 は $n = 997$ の場合の例になる．

数値積分の方法や結果の評価については補足 J を参照していただきたい．ここでは結果だけを見ていこう．平面 N 個の分点がある場合では

$$F_1 = F_2 = 1, \quad F_{n+2} = F_{n+1} + F_n \quad (n \geqq 1)$$

で生成されるフィボナッチ数を使って

$$N = F_n, \quad \{g_1, g_2\} = \{1, F_{n-1}\}$$

第 14 章 らせん構成点を使って区分和を求める　　107

表 14.2　正方区分におけるそれぞれの数列での分点数. グレーの表記が図 14.8 の点数に相当する

正方区分 S_q		ルカ数 L_n		フィボナッチ数 F_n		任意点数 G_n	
N		N	g_2	N	g_2	N	g_2
16	$=4^2$	11	7	13	8	20	12
25	$=5^2$	18	11	21	13	30	19
36	$=6^2$	29	18	34	21	50	31
64	$=8^2$	47	29	55	34	70	43
100	$=10^2$	76	47	89	55	100	62
169	$=13^2$	123	76	144	89	200	124
289	$=17^2$	199	123	233	144	300	185
441	$=21^2$	322	199	377	233	500	309
729	$=27^2$	521	322	610	377	700	433
1156	$=34^2$	843	521	987	610	1000	618
1849	$=43^2$	1364	843	1597	987	2000	1236
3025	$=55^2$	2207	1364	2584	1597	3000	1854

のように自然数の組 $\{g_1, g_2\}$ を選び，それを区分点として平面に配置すると良い結果が得られることが知られている[74]．このフィボナッチ格子を利用した優良格子点法の分点数 N とその配置 g_2 について，正方区分 S_q とルカ数 L_n，フィボナッチ数 F_n，任意点数 G_n それぞれを比較すると表 14.2 になる．表では g_1 を 1 としているので省略している．それぞれの g_2 はフィボナッチ数に近い数値とし，任意点数 G_n の g_2 は N のそれぞれを黄金数 τ で割った値付近の整数であり一般フィボナッチ数と言える．

14.5　任意点数の矩形

軸付近で急激に大きくなるような関数についての正方区分を使った数値積分について，ルカ数，フィボナッチ数，任意点数それぞれの N と g_2 の組の優良格子点法による数値積分を比較しよう．分点配置は形が見えるように 100 以下のそれぞれの数値として，正方区分以外の配置はパイン配置の方法で求めた (図 14.8)．

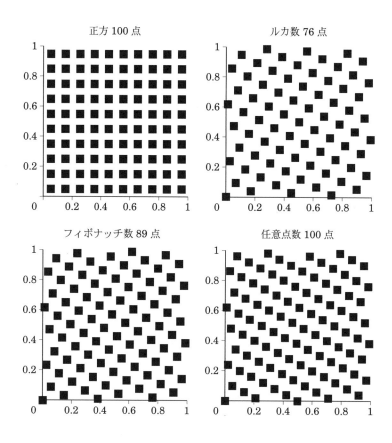

図 **14.8** それぞれの数列による分点配置の比較

　これらの各点の配置による数値積分を行い解析的な積分結果の値との差異を求めた (図 14.9)．正方区分については単純な区分和であり，そのほかは森による優良格子点法の配置と方法で計算した．横軸を分点数，縦軸を積分真値との誤差とすると，その対数誤差は区分点数の対数にほぼ比例する関係になる．正方区分では点数が増えても誤差がさほど小さくならないが，優良格子点法では点数の増加に伴って急速に小さくなる．最も誤差の小さいのがフィボナッチ数の配置であり，次いでルカ数の配置，そして任意点数を黄金数 τ で割った一般フィボナッチ数の配置と続く．

　ここで重要なことは区分点数が任意のどんな数であっても一般フィボナッチ数

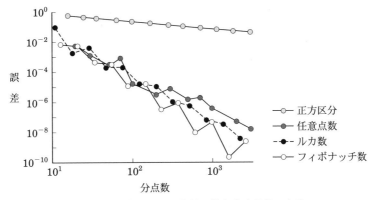

図 14.9 各配置の分点数に伴う積分誤差の変化

による分点配置にすれば積分精度が非常に良いことである．それゆえ，パイン配置の分点は任意の矩形と任意の分点数での数値積分に利用できる．数値積分の具体的方法は補足 J にまとめた．

補足 A

連なりらせんの点をExcelで描く

　本文と同じ円盤のモデルでヒマワリの種子を点として描く．円座標での表示点は (r, θ) と記す．第2章で述べたように，τ は黄金比，ϕ は円の中心から見た種と種の間の角度，n は種の番号である．これらの間の関係式は次のようになる．

$$\tau = \frac{1+\sqrt{5}}{2} \quad \text{(黄金比)}$$
$$\phi = \frac{2\pi}{\tau} \text{ または } 2\pi\left(1 - \frac{1}{\tau}\right)$$
$$\theta = n\phi$$
$$r = c \cdot n^{1/2} \quad \text{(c は定数)}$$

上の式で $c=1$ とすれば，描画点は $(n^{1/2}, n\phi)$ になり，$n = 1, 2, \cdots$ と順に描けばよい．注意することは，角度はラジアン単位であること，また，画面の表示場所は x, y 座標なので $x = r \cdot \cos\theta, y = r \cdot \sin\theta$ の変換が必要なことである．

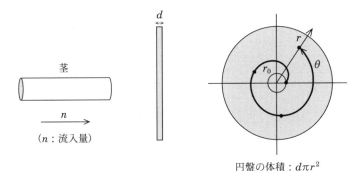

図 A.1　養分流入量が円盤状に広がると想定したモデル

A.1 計算手順とグラフ化

ヒマワリの形一般を表すには，n のかわりに n^p とする．最初に $p = 0.5$ として，座標の中心からの距離 $r = n^{0.5}$ と $360°$ (2π ラジアン) を黄金分割する角度 $\theta = n\phi = 2\pi n/\tau$ (または $2\pi n(1-1/\tau)$) で決まる点 (r, θ) を次の手順で描けばよい．手順 (1)〜(13) での，番地とは Excel での列記号と行番号で決まるセルの位置で，A1 番地は A 列 1 行目を意味する．" " 中はキーボード入力である．

(1) A1 番地は通常の文字 "$\tau =$" を入力して右詰めにする．

(2) A2 番地も文字 "$\phi =$" を入力して右詰めにする．

(3) B1 番地は黄金比 "$= (1+\sqrt{5})/2$" の計算式を入力すれば，結果の $1.618\cdots$ が表示される．

(4) B2 番地は $\phi = 2\pi$ ラジアン $/\tau$ の "$= 2*\text{PI}()/\text{B1}$" を入力して，$3.88322\cdots$ が表示される．PI() は $3.14159\cdots$ の値の意味である．Excel の三角関数の角度はラジアン ($180° = \pi$ ラジアン) 単位で計算される．

(5) B3 と E3 番地は "$p =$" の文字入力，C3 番地は "$= 0.5$"，F3 番地は "$= 1.0$" を入力する．

(6) A4〜H4 番地は図 A.2 に表示されている文字を入力して中央揃えにする．

(7) B5〜H5 は計算式を入力する．

B5 番地は "$= \text{A5*B2}$"，C5 番地は "$= \text{A5\textasciicircum C3}$"，D5 番地は "$= \text{C5}* \cos(\text{B5})$"，E5 番地は "$= \text{C5}* \sin(\text{B5})$" を入力する．F5, G5, H5 番地は C5, D5, E5 番地と同様に "$= \text{A5\textasciicircum F3}$"，"$= \text{F5}*\cos(\text{B5})$"，"$= \text{F5}*\sin(\text{B5})$" をそれぞれ入力する．

	A	B	C	D	E	F	G	H
1	$\tau =$	1.61803399						
2	$\phi =$	3.88322208						
3		$p=$	0.5		$p=$	1.0		
4	n	$\theta=n*\phi$	$r=n\hat{}p$	$x=r*\cos\theta$	$y=r*\sin\theta$	$r=n\hat{}p$	$x=r*\cos\theta$	$y=r*\sin\theta$
5	0	0.00000	0.00000	0.00000	0.00000	0.0000	0.0000	0.0000
6	1	3.88322	1.00000	−0.73737	−0.67549	1.0000	−0.7374	−0.6755
7	2	7.76644	1.41421	0.12364	1.40880	2.0000	0.1749	1.9923
8	3	11.64967	1.73205	1.05385	−1.37456	3.0000	1.8253	−2.3808

図 **A.2** Excel の表

(8) データ数 $n = 200$ 点は A 列に $n = 0, 1, 2, 3\cdots\cdots$ のステップで順に増えるようにする．

(9) ここで三角関数の cos と sin を使用するのはグラフを表示する際に，円座標 (r, θ) を直交座標 (x-y 座標) に変換するためである (図 A.3)．ただし，画面表

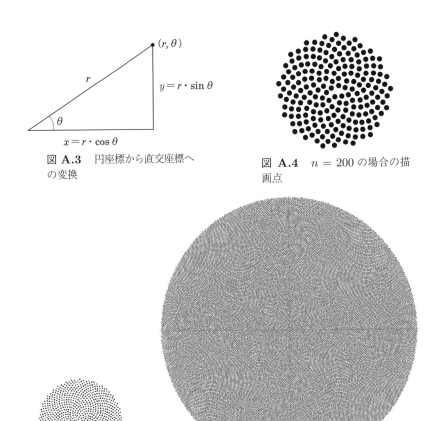

図 **A.3**　円座標から直交座標への変換

図 **A.4**　$n = 200$ の場合の描画点

$p = 0.5, n = 1000$　　　$p = 0.5, n = 65536$

図 **A.5**　Excel を使った $n = 1000$ および $n = 65536$ の点充填

示の y (たて) 座標は左上の隅が原点 0 で下向きに + となることに注意する.

(10) 計算して求めた $n = 200$ 点の (x, y) について散布図を使って描く. 散布図 (図 A.4) は $(x, y) = (0, 0)$ 点を含めていない.

(11) p の値を 0.5 前後, およびマイナスの任意の値に変えて図の変化をシミュレーションしてみる.

(12) $n = 10000$ 点以上についても同様に描く (図 A.5).

(13) τ の値を変えた場合の図の変化もおもしろい.

図 **A.6**

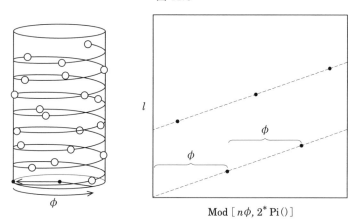

図 **A.7**　円柱で近似したパイナップルのモデル

パイナップルの鱗片も，同じように表示してみよう．鱗片は表面にほぼ均等に付いているので，その目立つ連なりを一周して数えるとフィボナッチ数になっている (図 A.6 の白線で示した例では 8 本と 13 本)．このパイナップル鱗片を真似る場合，図 A.7 左のように円柱で近似し，それを切り開いて矩形に表示する (図 A.7 右)．

その際，コンピュータでの表示位置 (θ, l) は座標を $(x, y) = (\theta, l) = (n\phi, n)$, $(n = 1, 2, \cdots)$ に直すことになるが，横軸 (x 軸) は最大が 2π ラジアン (360°) になるように，$n\phi$ を $\text{Mod}[n^*\phi, 2^*\text{Pi}()]$ で置き換えて利用する (Mod は $n\phi$ を

2π で割った余りを求める関数).

ヒマワリの場合の計算式を変形し，パイナップルの場合の $n = 1000$ 点を充填して矩形表示できるようにしてみよう．うまくいくと図 4.5 のような図が描ける．

補足 B

開度の分散が最小になる条件

証明の概略を紹介する．この記述は恩田 (当時高校 3 年) から送っていただいた証明を著者が平文に書き換えたものである [75]．

らせん葉序の茎に葉が下から 1 枚ずつ順につき，上から見たときの 2 番目についた葉と最初についた葉とのなす角を α としたとき，$k+1$ 番目の葉と最初の葉とのなす角が $k\alpha$ となる．角度 θ を，一回転のとき $\theta = 1$, 半回転のとき $\theta = \frac{1}{2}$ のように決めるとき，葉のなす角度 α が黄金比になっていることが多い．極座標平面で考えると，すべての角度は $-\frac{1}{2} < \theta \leq \frac{1}{2}$ を満たす角 θ で表すことができる．ある数 α を $-\frac{1}{2} < \theta \leq \frac{1}{2}$ を満たす数 θ で表す写像として

$$f(\alpha) = \theta$$

とすれば，$f\left(\frac{10}{3}\right) = \frac{1}{3}$, $f(2.1111) = 0.1111$, $f(5.68) = -0.32$ などとなる．

集合 $S_\alpha(n)$ を $S_\alpha(n) = \{f(k\alpha) \mid 0 \leq k \leq n, k \in \mathbf{Z}\}$ とし，集合 S_α を $S_\alpha = \{f(k\alpha) \mid 0 \leq k, k \in \mathbf{Z}\}$ とすれば，$\alpha = 0.1$ のときの $S_\alpha(n)$ は

$S_\alpha(0) = \{0\}, \quad S_\alpha(1) = \{0, 0.1\}, \quad S_\alpha(3) = \{0, 0.1, 0.2, 0.3\}, \quad \cdots$

$S_\alpha(10) = \{-0.4, -0.3, -0.2, -0.1, 0, 0.1, 0.2, 0.3, 0.4, 0.5\}$

$S_\alpha = S_\alpha(10)$

となる．

$f(k\alpha)$ は，$k+1$ 番目の葉と最初の葉とのなす角を指しており，$S_\alpha(n)$ は，$n+1$ 枚目の葉までのこれらの角度の集合を指している．α が有理数だと，S_α は有限の集合になり，上の葉と下の葉が重なってしまい，光合成の効率が悪くなる．

どの成長過程においても効率よく光合成が行われるための角度 α はどのような角度かという問題は，どの自然数 n においても $S_\alpha(n)$ の偏りが小さいような

角度は一体何か，という問題に帰着する．

たとえば，$\alpha = 0.499$ とすると，$(f(i\alpha))_{i \in N}$ という数列は $i = 0, 1, 2, 3, 4, \cdots$ に対して

$$0,\ 0.499,\ -0.002,\ 0.497,\ -0.004,\ \cdots$$

となり，0 付近と 0.5 付近に角度が偏る．また，$\alpha = 0.376$ としたときの同数列は

$$0,\ 0.376,\ -0.248,\ 0.128,\ -0.496,\ -0.120,\ 0.256,\ -0.368,$$
$$0.008,\ 0.384,\ -0.240,\ 0.136,\ -0.488\ -0.112,\ 0.262,\ -0.360,\ 0.016,\ \cdots$$

となり，0～7 枚目の成長過程では特に偏りが生じないが，8 枚目からは，i 枚目と $i+8$ 枚目の間が 0.008 と偏る．このため，

(1) $S_\alpha(n)$ の偏りを考えるうえでは，二数の差 $f\{f(p\alpha) - f(q\alpha)\}$ の絶対値の最小値を検討する必要がある (ただし $p \neq q$)．この最小値を

$$M(\alpha, n) = \min_{p, q \leqq n, p \neq q} \{|f(f(p\alpha) - f(q\alpha))|\}$$

とおくと，f の定義より $|f(f(p\alpha) - f(q\alpha))| = |f((p-q)\alpha)|$ が成り立つので，

$$M(\alpha, n) = \min_{p, q \leqq n, p \neq q} \{|f((p-q)\alpha)|\} = \min_{1 \leqq k \leqq n} \{|f(k\alpha)|\}$$

となる．また，

$$M(\alpha, n) = \min\left\{\min_{1 \leqq k \leqq n-1}\{|f(k\alpha)|\}, |f(n\alpha)|\right\} = \min\{M(\alpha, n-1), |f(n\alpha)|\}$$

となる．これを用いると $M(\alpha, n)$ が容易に求まる．たとえば，$\alpha = 0.376$ のとき，

$$M(\alpha, 1) = |f(\alpha)| = 0.376,$$
$$M(\alpha, 2) = \min\{M(\alpha, 1), |f(2\alpha)|\} = \min\{0.376, 0.248\} = 0.248,$$
$$M(\alpha, 3) = \min\{M(\alpha, 2), |f(3\alpha)|\} = \min\{0.248, 0.128\} = 0.128,$$
$$M(\alpha, 4) = \min\{M(\alpha, 3), |f(4\alpha)|\} = \min\{0.128, 0.496\} = 0.128$$

と続けることができ，$M(\alpha, 5) = M(\alpha, 6) = M(\alpha, 7) = 0.120$，$M(\alpha, 8) = \cdots = M(\alpha, 16) = 0.008$ となる．

(2) 上より，$M(\alpha,n)$ は $M(\alpha,n-1)$ または $|f(n\alpha)|$ となる．そこで，$M(\alpha,n)=|f(n\alpha)|$ となる自然数 n の数列を $\{n_k\}$ とすると，たとえば $\alpha = 0.376$ のときの数列 $\{n_k\}$ は

$$1, \quad 2, \quad 3, \quad 5, \quad 8, \quad 125$$

となる．

実は，α が無理数のとき任意の自然数 p で $f(n_p\alpha) \cdot f(n_{p+1}\alpha) < 0$ が成り立つ．(証明は省略)

(3) いま，簡単のために $f(n_p\alpha) < 0 < f(n_{p+1}\alpha)$ とする．$M(\alpha, n_{p+2}-1) = M(\alpha, n_{p+1}) = f(n_{p+1}\alpha)$ なので，定義より，集合 $S_\alpha(n_{p+2}-1)$ の中の二数の差の絶対値の最小値は $f(n_{p+1}\alpha)$ である．ゆえに，$S_\alpha(n_{p+2}-1)$ の元でかつ $f(n_p\alpha)$ 以上 $f(n_{p+1}\alpha)$ 以下であるものは，$f(n_p\alpha)$ との差が $f(n_{p+1}\alpha)$ の整数倍となる．

それゆえ，$|f(n_p\alpha)| - |f(n_{p+2}\alpha)|$ は $|f(n_{p+1}\alpha)|$ の整数倍である．つまり，$M(\alpha, n_p) - M(\alpha, n_{p+2})$ は $M(\alpha, n_{p+1})$ の整数倍である．たとえば，$\alpha = 0.376$ では $M(\alpha, n_4) - M(\alpha, n_6) = 15 \cdot M(\alpha, n_5)$ が確認される．

このことから，余りの出る割り算を繰り返すことで $M(\alpha, n_k)$ をアルゴリズム的に解くことができる．これはユークリッドの互除法と呼ばれている．

$$1 = M(\alpha, n_1) \cdot e_1 + M(\alpha, n_2)$$
$$M(\alpha, n_1) = M(\alpha, n_2) \cdot e_2 + M(\alpha, n_3)$$
$$M(\alpha, n_2) = M(\alpha, n_3) \cdot e_3 + M(\alpha, n_4)$$
$$M(\alpha, n_3) = M(\alpha, n_4) \cdot e_4 + M(\alpha, n_5)$$
$$\cdots\cdots$$

ここで e_k は整数である．上式の $M(\alpha, n_1)$ にユークリッドの互除法を適用することで e_k が求められる．したがって $f(a)$ を連分数展開することで e_k を求めることができる．

$$f(\alpha) = \cfrac{1}{e_1 + \cfrac{1}{e_2 + \cfrac{1}{e_3 + \cfrac{1}{e_4 + \cdots}}}}$$

また，以下が成り立つ．

$$n_{p+2} = n_{p+1}e_{p+1} + n_p$$

たとえば $\alpha = \sqrt{2}-1$ のときは任意の自然数 k について $e_k = 2$ である．$n_0 = 0$, $n_1 = 1$, $n_{k+2} = 2 \cdot n_{k+1} + n_k$ となるので，数列 $\{n_k\}$ は

$$1, \quad 2, \quad 5, \quad 12, \quad 29, \quad 70, \quad 169, \quad \cdots$$

となる．

$S_\alpha(n)$ での偏りを捉えるには，集合内の二数の差を考察することが重要であり，その差の最小値である $M(\alpha, n)$ は α の連分数展開から知ることができる．$M(\alpha, n)$ が更新される頻度が多いほど偏りがないといえるので，e_k の値が小さければ小さいほど，$S_\alpha(n)$ はよりまばらな集合になる．それゆえ，任意の自然数 k について $e_k = 1$ になっているときが最もまばらになる集合であり，そのような無理数は黄金比である．

補足 C

連なりらせん数の計数法

　第 2 章の方法によってヒマワリの種を真似て描いた点は図 5.2 (p.34) のようにらせん状に連なって見える．構成する点が連なって見えるのは点間隔が近くなってつながりが知覚されるからである．このつながりの強弱の程度はフーリエ変換を利用すれば調べることができる．連なりらせん数は点の充填図の周辺部と内側で異なる．そこで，1000 個の描画図を例として図 5.2 のように連なりが確認できる周辺部の一定個数を対象にする．

　1000 個の描画点から，離散フーリエ変換を想定して周辺部から 2 のベキ乗の 256 点を選び，その点を角度 MOD$(\theta, 2\pi)$ の順に並べ，各点の前後 4 点までの距離を測って 8 列の数列として求める．MOD$(\theta, 2\pi)$ は θ の 2π 未満の余りを求めるための Excel の内部関数である (p.123 の表 C.1)．

　フーリエ変換は行単位なので 8 列を 8 行に組み替える．これを Data として Mathematica に読込ませる．Data は形式を整える必要があるが，うまくいかないときはこの形式に修正する．

```
>data1000m256={… 8 行のデータ …}
```
･････････････
```
>ListLinePlot[Abs[Fourier[data1000m256]], PlotRange ->
{{0,128}, {0,6}}, PlotRangeClipping -> True, Frame -> True]
```
この Data に対して離散フーリエ変換を行う．変換後の数値は左右対称で ± で求まるが，絶対値を求め図 C.1 のようにグラフ化して確認する．この時点で顕著なピークが見えるようになる．

　Mathematica の離散フーリエ変換は次式を使って行われる．

$$v_s = \frac{1}{\sqrt{n}} \sum_{r=1}^{n} u_r e^{2\pi i (r-1)(s-1)/n}$$

ここに v_s はフーリエ係数，u_r はデータの並び，n はデータ数になる．ここでは各点間の距離によるフーリエ変換を行うので，グラフの横軸は波数，縦軸が頻度

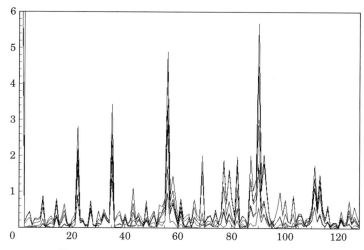

図 **C.1** Mathematica によるフーリエ変換の結果

になる．その結果，連なりが顕著なところは頻度が大きくなってピークが現れる．式からわかるように，Mathematica の離散フーリエ変換は一般のフーリエ変換と異なり初期値が 0 ではなく 1 になっていることに注意する必要がある．

得られた 8 行それぞれの変換結果を Excel などの表計算ソフトで使えるように書き出す (p.123 の表 C.2)．

>Export["gold256.dat", %]

最下段に合計が求まるようにし，それぞれの行をグラフ化する．図 C.2 の実線が合計のグラフになる．グラフ上にはフィボナッチ数のピーク 21, 34, 55, 89 が現れる．変換結果は左右対称になるがここでは半分の 128 までを示してある．

このフーリエ変換の方法を使うと ϕ が黄金角から 0.1° 小さい 137.4° の場合の連なりらせん数を正確に求めることができる．図 C.3 はその結果であり，連なり数にルカ数 76 が現れ，充填の一様性の乱れが連なり数に反映されることを見つけることができる．

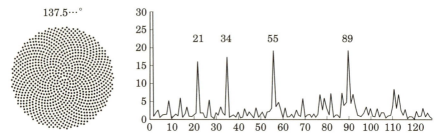

図 **C.2** 開度 φ が黄金角での 1000 点の充填と 8 列のフーリエ変換の結果と合計のグラフ

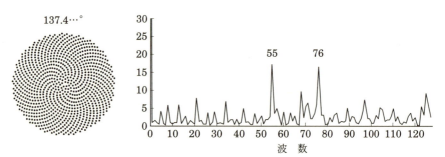

図 **C.3** 開度 φ = 137.4° の充填図とフーリエ変換の結果. 連なり数の劇的な変化がわかる

表 C.1 右 8 列の各点は，角度 $\mathrm{MOD}(\theta, 2\pi)$ の昇順についての各点から前後 4 点までの距離

n	$\theta(\mathrm{rad})=n\phi$	2π以下	$r=n^{\wedge}0.5$	$x=r\cos\theta$	$y=r\sin\theta$								
987	2368.764	0.00285	31.41656	31.41643	0.08944	7.87681	56.74590	34.60844	31.99001	3.97332	1.74374	3.52198	2.63073
754	1809.572	0.01491	27.45906	27.45601	0.40931	52.82343	32.38802	29.37844	2.56930	2.56930	1.73374	3.98279	3.48740
898	2155.167	0.03442	29.96665	29.94890	1.03125	34.38864	30.33733	1.74374	3.97332	1.78082	1.79752	2.51853	3.92451
809	1941.570	0.06599	28.44293	28.38101	1.87567	28.71303	3.52198	1.73374	2.56930	2.49568	1.75663	2.40250	3.53526
953	2287.165	0.08551	30.87070	30.75791	2.63642	2.63073	3.98279	1.79752	1.78082	2.49568	3.55217	2.58831	3.98001
864	2073.568	0.11708	29.39388	29.19265	3.43355	3.48740	2.51853	1.75663	2.49568	1.75655	1.79829	2.47466	3.58646
775	1859.972	0.14865	27.83882	27.53180	4.12308	3.92451	2.40250	3.55217	1.75655	1.79829	2.54025	3.96063	3.50522
919	2205.566	0.16817	30.31501	29.88737	5.07394	3.53526	2.58831	1.78144	1.79829	2.54025	1.77100	2.54534	3.94526
830	1991.969	0.19974	28.80972	28.23694	5.71622	3.98001	2.47466	1.74222	2.54025	1.77100	2.46957	2.43022	3.55446
974	2337.564	0.21925	31.20897	30.46185	6.78792	3.58646	3.96063	1.80769	1.77100	2.46957	1.74846	3.53311	2.61457	4.00211

表 C.2 8 行それぞれについてフーリエ変換の結果と合計

<table>
<tr><td rowspan="8">変換結果</td><td>0.057055</td><td>0.123097</td><td>0.168388</td><td>0.036481</td><td>0.065535</td><td>0.076195</td><td>0.091155</td><td>0.309537</td><td>0.022270</td><td>0.036974</td><td>0.070754</td><td>0.044494</td></tr>
<tr><td>0.144217</td><td>0.310342</td><td>0.426445</td><td>0.094388</td><td>0.161013</td><td>0.194066</td><td>0.238184</td><td>0.837265</td><td>0.065484</td><td>0.096989</td><td>0.202325</td><td>0.136270</td></tr>
<tr><td>0.053794</td><td>0.109295</td><td>0.137620</td><td>0.025127</td><td>0.064566</td><td>0.054004</td><td>0.052260</td><td>0.124631</td><td>0.005538</td><td>0.035153</td><td>0.025063</td><td>0.002362</td></tr>
<tr><td>0.197392</td><td>0.410082</td><td>0.530855</td><td>0.099369</td><td>0.279082</td><td>0.250899</td><td>0.272488</td><td>0.806642</td><td>0.027014</td><td>0.186908</td><td>0.250858</td><td>0.133261</td></tr>
<tr><td>0.011900</td><td>0.051256</td><td>0.104111</td><td>0.028273</td><td>0.087191</td><td>0.106123</td><td>0.144932</td><td>0.543132</td><td>0.033364</td><td>0.131433</td><td>0.233890</td><td>0.156056</td></tr>
<tr><td>0.209377</td><td>0.461873</td><td>0.636942</td><td>0.129197</td><td>0.359070</td><td>0.355301</td><td>0.418075</td><td>1.369232</td><td>0.067851</td><td>0.299813</td><td>0.471221</td><td>0.286329</td></tr>
<tr><td>0.058925</td><td>0.131949</td><td>0.186098</td><td>0.040789</td><td>0.083458</td><td>0.096009</td><td>0.118237</td><td>0.417547</td><td>0.032116</td><td>0.050516</td><td>0.105946</td><td>0.072522</td></tr>
<tr><td>0.146679</td><td>0.321118</td><td>0.449413</td><td>0.101784</td><td>0.172624</td><td>0.214641</td><td>0.269926</td><td>0.976556</td><td>0.080860</td><td>0.109236</td><td>0.244467</td><td>0.171847</td></tr>
<tr><td>合計</td><td>0.879338</td><td>1.919011</td><td>2.639872</td><td>0.555408</td><td>1.272539</td><td>1.347237</td><td>1.605257</td><td>5.384542</td><td>0.334497</td><td>0.947023</td><td>1.604525</td><td>1.003140</td></tr>
</table>

補足 D

でたらめさから生まれる黄金比

堀部による議論を紹介する[38]．2要素からなる対象のうちの一つの事象の出現確立が p であるとする．n 個の球が壺に入っていて，そのうち pn 個は赤で，番号 $1, 2, \cdots, pn$ がつき，残りの qn 個 ($q = 1-p$) は白で，やはり $1, 2, \cdots, qn$ と番号がついている．このようなことがわかっているとして，壺から球1個を無作為に抽出するき，その球の「色と番号の両方」を予測するときの不確かさは $\log n$ である．「色を知らされて番号」を予測するときの不確かさは平均 $p\log(pn) + q\log(qn)$ である．だから「色だけ」を予測するときの不確かさは，

$$\log n - (p\log(pn) + q\log(qn))$$
$$= -p\log p - (1-p)\log(1-p) \tag{D.1}$$

となるべきである．こうして，色の分布 $(p, 1-p)$ の不確かさ（エントロピー）を $H(p, 1-p)$ で表せば $H(p, 1-p) = -p\log p - (1-p)\log(1-p)$ で与えられることになる．

二つの要素を「短」と「長」とするとき，次に「短」が出現するか「長」が出現するかの不確かさ，エントロピー H は，$H(p, 1-p)$ である．ここで，「短」は1単位の時間を，「長」は2単位の時間を費やして出現するとしたとき，その出現には平均 $p \cdot 1 + (1-p) \cdot 2 = 2-p$ 時間が費やされる．そこで，単位時間あたりのエントロピーは

$$F(p) = \frac{H(p, 1-p)}{2-p} \tag{D.2}$$

となる．これを最大化する条件は

$$F'(p) = \frac{\log \dfrac{1}{p} - \log \dfrac{p}{1-p}}{(2-p)^2} = 0 \tag{D.3}$$

となる．これから

$$\frac{1}{p} = \frac{p}{1-p} \tag{D.4}$$

が得られる．この p を満足する値こそ黄金数 (黄金比) τ である．通常この比 τ は $(\sqrt{5}+1)/2$ と書かれるが，これは 1 と比べた大きい方の値であり，大きい方を 1 とした黄金比は $(\sqrt{5}-1)/2$ である．

単位時間あたりのエントロピーが最大であることは，十分に長い一定時間間隔に出現するパターンが最大になること，でたらめさが最大になること，最大の多様性が現れることを意味する．そのとき，図 7.4, 7.5 (p.50) に示した樹形のように自由度が最大となり，現れる樹形が最も多様なパターンを持つ．

補足 E

流れ構造の法則

　高木による流れ構造の法則を紹介する[48]．ホートンによって提起され[45]，ストレーラーによって確定して使われるようになった水路法則では[46]，ある流域での最高次の次数が n のときの次数 j の水路数 $N(j)$ が

$$N(j) = R_b^{n-j} \tag{E.1}$$

と定式化された．R_b は分岐比であり，次数 i での合流のきまりは，$i+1 \leftarrow i + i, i \leftarrow i+(i-1)\cdots$ である．つまり1次と1次の合流は2次となるが，2次と1次の合流は2次のままであり，3次と1次や2次の合流も3次のままである．(E.1) 式で $R_b = e^{a_b}$ とおけば

$$N(j) = e^{a_b(n-j)} = c_b e^{-a_b j} \tag{E.2}$$

となる．ここで $c_b = (R_b)^n = e^{a_b n}$ である．

　(E.2) 式の両辺の対数をとれば，

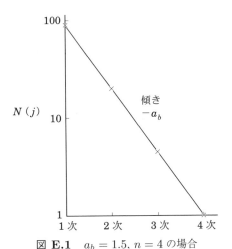

図 **E.1**　$a_b = 1.5, n = 4$ の場合

$$\log_e N(j) = -a_b j + a_b n \tag{E.3}$$

となって，横軸を次数，縦軸を $\log_e N(j)$ にとった片対数のグラフで傾き $-a_b$ の直線になる．

補足 F

折り紙で作る自己相似矩形

折り紙で自己相似矩形を作るには図 F.1 のように作られた矩形の短辺 c が相似条件を満たす必要がある．矩形を折るには二つの方法がある．それぞれの方法で作られる線分が相似条件を満たすとき，その線分と長辺 b との関係が決まり，折り方が決まる．

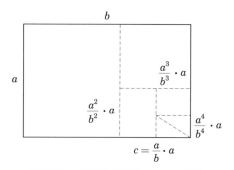

図 **F.1** 自己相似矩形での c の条件

[**方法 1**] 矩形の一端，ここでは左下端，を右短辺の適当な位置に合わせて折る．その結果作られた線分それぞれと x の関係が図 F.2 のようになることから，

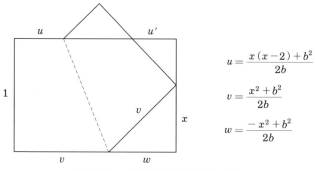

$$u = \frac{x(x-2)+b^2}{2b}$$

$$v = \frac{x^2+b^2}{2b}$$

$$w = \frac{-x^2+b^2}{2b}$$

図 **F.2** 自己相似矩形の折り方 1

折って作られる線分 u, v, w のそれぞれが自己相似条件を満たすときの長辺 b と折り方が決まる．

たとえば w が自己相似条件 $1/b$ に等しくなるとき，$x = \sqrt{b^2 - 2}$ の関係となる．ここから x が比較的簡単な比になる場合をさがすと，$x = 0$ で b が $\sqrt{2}$，$1/2$ では $3/2$，そして 1 では $\sqrt{3}$ となる．自己相似矩形は u も v も別々に満たすのでそれぞれが表 F.1 のようにまとまる．

表 **F.1** 作られる線分の自己相似条件と長辺 b の関係および折り数

条件	$b-u=1/b$		$v=1/b$		$w=1/b$			
x	$\dfrac{1}{4}$	$\dfrac{1}{2}$	$\dfrac{\sqrt{2}}{2}$	$\dfrac{1}{2}$	0	$\dfrac{1}{2}$	$\dfrac{\sqrt{2}}{2}$	1
b	$\dfrac{5}{4}$	$\dfrac{\sqrt{5}}{2}$	$\sqrt{\dfrac{3}{2}}$	$\dfrac{\sqrt{7}}{2}$	$\sqrt{2}$	$\dfrac{3}{2}$	$\dfrac{\sqrt{10}}{2}$	$\sqrt{3}$
折り数	4	3	5	3	1	3	5	2

[**方法 2**] 矩形の一端，この場合は右下端，を上長辺の適当な位置に合わせて折る (図 F.3)．

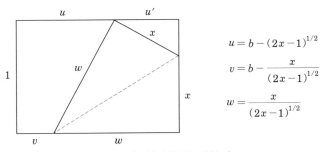

$$u = b - (2x-1)^{1/2}$$
$$v = b - \frac{x}{(2x-1)^{1/2}}$$
$$w = \frac{x}{(2x-1)^{1/2}}$$

図 **F.3** 自己相似矩形の折り方 2

方法 2 も同じようにして自己相似条件から x と u, v や w の関係が求まる．$b-u$ が自己相似条件 $1/b$ に等しくなるとき，$x = (b^2+1)/(2b^2)$ となる．その結果，線分と自己相似条件を満たす x の適当な位置から b が $\sqrt{2}$ や $\sqrt{3}$ だけでなく，黄金比になる折り方も決まる (表 F.2)．

表 F.1 と F.2 では長辺が同じ長さにもかかわらず，折り数が異なる場合があ

表 F.2 作られる線分の自己相似条件と長辺 b の関係および折り数

条件	$b-u=1/b$					$u=1/b$
x	$\dfrac{2}{3}$	$\dfrac{3}{4}$	$\dfrac{7}{9}$	$\dfrac{5}{6}$	$\dfrac{7}{8}$	1
b	$\sqrt{3}$	$\sqrt{2}$	$\dfrac{3}{\sqrt{5}}$	$\sqrt{\dfrac{3}{2}}$	$\dfrac{2}{\sqrt{3}}$	$\dfrac{1+\sqrt{5}}{2}$
折り数	6	4	10	7	5	2

る.たとえば,長辺 b が $\sqrt{2}$ の場合,表 F.1 の折り方では長辺を半分に折れば 1 回で済むが,表 F.2 の折り方では短辺を半分の半分に折ってそこに合わせて折ることから 4 回に増える.同様に表 F.1 の $\sqrt{3}$ では 2 回で済むが,表 F.2 の折り方では辺の 3 等分を必要とするために 6 回となる.これらの方法は任意の x に対して b が決まることから,この表以外にも多くの関係がある.その関係のうち,比較的簡単な比になる場合の長辺 b が 2 未満を小さい順に並べると次ページの表 F.3 になる.折り数は折り方によるので複数ある.

表 F.3 短辺 a を 1 としたときの自己相似矩形の長辺 b の長さと折り数

	b	$c=b^{-1}$	$c/b=b^{-2}$	b/a	折り数
1	$\sqrt{\dfrac{8}{7}}$	$\sqrt{\dfrac{7}{8}}$	$\dfrac{7}{8}$	$1.06904\cdots$	3
2	$\dfrac{\sqrt{5}}{2}$	$\dfrac{2}{\sqrt{5}}$	$\dfrac{4}{5}$	$1.11803\cdots$	3, 7, 8, 10
3	$\dfrac{3}{\sqrt{7}}$	$\dfrac{\sqrt{7}}{3}$	$\dfrac{7}{9}$	$1.13389\cdots$	9, 10
4	$\dfrac{2}{\sqrt{3}}$	$\dfrac{\sqrt{3}}{2}$	$\dfrac{3}{4}$	$1.15470\cdots$	2
5	$\sqrt{\dfrac{3}{2}}$	$\sqrt{\dfrac{2}{3}}$	$\dfrac{2}{3}$	$1.22474\cdots$	6, 7
6	$\dfrac{5}{4}$	$\dfrac{4}{5}$	$\left(\dfrac{4}{5}\right)^2$	1.25	4
7	$\sqrt{\dfrac{5}{3}}$	$\sqrt{\dfrac{3}{5}}$	$\dfrac{3}{5}$	$1.29099\cdots$	5, 7
8	$\dfrac{\sqrt{7}}{2}$	$\dfrac{2}{\sqrt{7}}$	$\dfrac{4}{7}$	$1.32287\cdots$	3
9	$\dfrac{3}{\sqrt{5}}$	$\dfrac{\sqrt{5}}{3}$	$\dfrac{5}{9}$	$1.34164\cdots$	7, 8, 9, 11
10	$\sqrt{2}$	$\dfrac{1}{\sqrt{2}}$	$\dfrac{1}{2}$	$1.41421\cdots$	1, 4, 7
11	$\dfrac{3}{2}$	$\dfrac{2}{3}$	$\dfrac{4}{9}$	1.5	3, 5
12	$1+\dfrac{\sqrt{3}}{3}$	$\dfrac{3-\sqrt{3}}{2}$	$\dfrac{6-3\sqrt{3}}{2}$	$1.57735\cdots$	11
13	$\dfrac{\sqrt{10}}{2}$	$\dfrac{2}{\sqrt{10}}$	$\dfrac{2}{5}$	$1.61803\cdots$	5
14	$\dfrac{1+\sqrt{5}}{2}$	$\dfrac{\sqrt{5}-1}{2}$	$1-\dfrac{\sqrt{5}-1}{2}$	$1.61803\cdots$	2
15	$1+\dfrac{\sqrt{2}}{2}$	$2-\sqrt{2}$	$2(3-2\sqrt{2})$	$1.70716\cdots$	3
16	$\sqrt{3}$	$\dfrac{1}{\sqrt{3}}$	$\dfrac{1}{3}$	$1.73205\cdots$	2
17	$\sqrt{\dfrac{7}{2}}$	$\sqrt{\dfrac{2}{7}}$	$\dfrac{2}{7}$	$1.87082\cdots$	7
18	2	$\dfrac{1}{2}$	$\dfrac{1}{4}$	2.0	2

補足 G

球面への投影

ヒマワリを真似た平面の点充填を球面へ均等に投影する．図 G.1 のように平面の点充填は $(r, \theta) = (n^p, n\phi)$, n が最大のときの球の半径を $r' = \dfrac{2}{\pi}(n^p)_{\max}$ とする．そうすれば図 G.1 の x, y, φ それぞれの関係が得られる．

$$\varphi = \frac{\pi \cdot n^p}{2(n^p)_{\max}}$$

$$x = r' \sin\varphi \cos\theta$$

$$y = r' \sin\varphi \sin\theta$$

φ' を下記のように決めて適当な p, c を選ぶ．

$$\varphi' = \varphi \left(\frac{1 + \tan\omega}{1 + \tan\omega_{\max}} \right)$$

$$\omega = c \frac{\pi \cdot n^p}{n^p_{\max}}$$

$$\omega_{\max} = c\pi$$

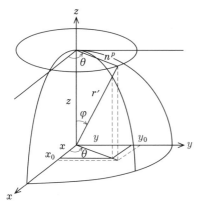

図 **G.1** 半球上への点配置の方法

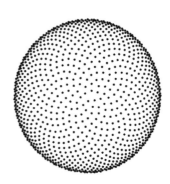

図 **G.2** 半球上の 1000 点を表示

図 10.6 (p.80) は 1000 点まで描いたときの点間隔を示す. この場合 $p = 0.42$, $c = 0.17$ でほぼ均等になる.

補足 H

くい違い度による一様性の評価

くい違い度 (ディスクレパンシー) によって一様性を評価する．手塚によれば，k 次元単位立方体の点集合におけるディスクレパンシーは，

$$D_N^{(k)} = \sup_{t \in [0,1]^k} \left| \frac{\#([0,\boldsymbol{t});N)}{N} - t_1 \times \cdots \times t_k \right|, \quad \boldsymbol{t} = (t_1, \cdots, t_k)$$

で与えられる [61]．10 点からなる図 H.1 の 2 次元点集合では

$$D_{10}^{(2)} = \sup_{0<u,v\leqq 1} \left| \frac{\#([0,u) \times [0,v);10)}{N} - uv \right|$$

となる．

図 H.1 の $uv = 0.32$ の場合を例にとると，

$u = 0.8,\ v = 0.4$　であれば，　$D_{10}^{(2)} = |3/10 - 0.32| = 0.02$
$u = 0.4,\ v = 0.8$　であれば，　$D_{10}^{(2)} = |4/10 - 0.32| = 0.08$

と濃度として求めることができる．

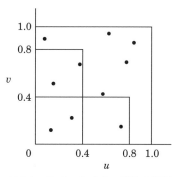

図 **H.1**　ディスクレパンシーによる一様性の評価．点線は $(u = 0.7; v = 0.5)$ の場合

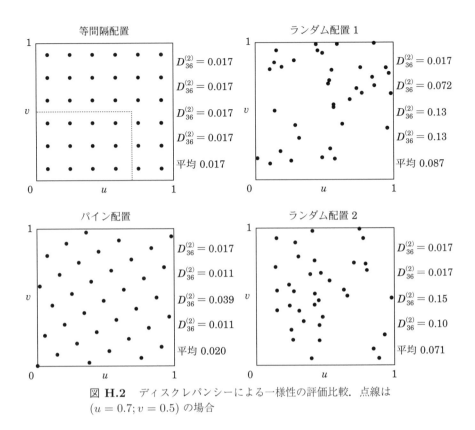

図 **H.2** ディスクレパンシーによる一様性の評価比較. 点線は $(u=0.7; v=0.5)$ の場合

図 H.2 のような 36 点の 2 次元点集合を例に各配置の一様性について, $uv=0.35$ を例に比較してみよう. 比較する領域を $\{(u=1.0, v=0.35), (u=0.7, v=0.5), (u=0.5, v=0.7), (u=0.35, v=1.0)\}$ の 4 組とする. 等間隔配置, パイン配置, ランダム配置の 2 例それぞれについて四つの領域でのくい違い度としての濃度を求めると各図右側の上から順の結果になる. 4 組の平均から濃度は等間隔配置が最も小さく, 次いでパイン配置そしてランダム配置の順に並ぶ. この方法を使えば, 決まった領域での濃度から, パイナップルらせんの点集合のくい違い度は, 等間隔配置の点集合とランダム配置の点集合の中間で, 等間隔配置に近い点の集まりと評価できる.

補足 I

素数による画素分散

　素数の増分による画素分散について，深谷駅の画像を使って評価する．
[方法 1]
　増分 In として素数を使い，下記方法で分散位置を決める．

$$R_m = \mathrm{MOD}((R_m + In), G_n)$$

　$\mathrm{MOD}((R_m+In), G_n)$ は一つ前の余り R_m に増分 In を加えた値を画素数 G_n で割った余りを返す．R_m の初期値を 0 として 250000 画素の深谷駅の 20%を表示させる．表示させた画像内を 10×10 画素の矩形で 5000 回ランダムサンプリングして矩形内の表示点数を計数する．表示点数の平均と期待値点数との差としての偏差を絶対値で求める．たとえば，20%表示の矩形内の期待値点数が 20 なので，偏差はこの平均表示点数と期待値点数との差になる．増分 In として「$[画素数/\tau^2 - 1000] \sim [画素数/\tau + 1000]$」の範囲の素数について分散の偏差を求めると図 I.3 になる．この結果から $[画素数/\tau^2]_{素数} = 95483$ 付近 (矢印) の偏差は 0.01 となる良好な分散が得られる．
[方法 2]
　対象画像のアスペクト比 (横縦比) と画素数が変化するときの分散の違いを評価する．方法 1 と同じように増分に素数を使って分散し，サンプリングしてその程度を調べる．元画像の画素数は $800 \times 800 = 640000$ 画素とし 5 種類のアスペクト比での素数分散を調べる．表示決定後の画像についてサンプリング領域 (10×10) を 5000 個パインサンプリングし，計数された画素数平均と期待値点数との差の絶対値を偏差として求める．アスペクト比を変えた各画像について「$[画素数/\tau^2 - 1000] \sim [画素数/\tau + 1000]$」の範囲の素数についての分散の偏差の結果が図 I.4 である．アスペクト比の変化に伴って分散の様子も変化するが，「増分数$/\tau^2 = 244468.5$」付近 (矢印) では偏差が常に 0.01 よりも小さく良好な分散が得られる．

図 **I.1** 元画像 (250000 画素)

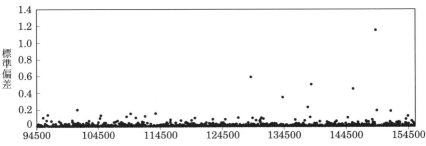

図 **I.2** 図 I.1 の元画像についての 20%画素数について，$[画素数/\tau^2 - 1000]_{素数}$ から $[画素数/\tau + 1000]_{素数}$ についての分散度合いの変化

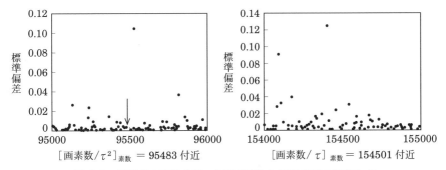

$[画素数/\tau^2]_{素数} = 95483$ 付近 $[画素数/\tau]_{素数} = 154501$ 付近

図 **I.3** 元画像の素数を使った画素分散の 20%表示の偏差を求めた拡大図．左図の矢印は，95483 の位置を示す

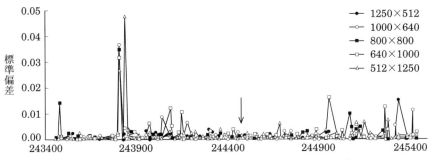

図 I.4　640000 画素の画像を使ったいくつかのアスペクト比に伴う分散度合いの変化

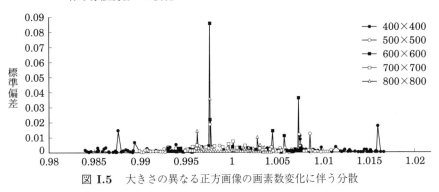

図 I.5　大きさの異なる正方画像の画素数変化に伴う分散

　他方，正方画像において，画素数を変えたときの画素分散は，増分が「画素数/τ^2」で規格化した 1 付近で差が 0.01 よりも小さくなる場合が集中し，やはりこの付近で分散が良好になる．

　矩形の対象画像についてその画素数と素数の組を使った画素分散によって，常に一定程度の良好なばらつきが得られることがわかった．その場合の素数は画素数を τ^2 で割って得られる数付近の素数である．この素数は画素数やアスペクト比が変わってもいつも良好な分散となる．この素数増分による分散の方法を使えば，元画像からの情報取得が速まり，視認性が向上する．

[*)]利用した Java プログラムは Web ページからダウンロードできる．
https://www.nippyo.co.jp/shop/book/7089.html

補足 J

フィボナッチ格子を使った数値積分

　微分方程式が解析的に解けない場合の解を得る手段として数値積分がある．その場合，"数値積分の誤差をどのように評価するか？"が大きな問題である．フィボナッチ格子を使った数値積分はその精度の良さから広く利用されている．ここでは森の方法を紹介する[72, p.205]．

　d 次元の超立方体 $[0,1]^d$ 上での積分

$$I = \int_{[0,1]^d} f(x_1, x_2, \cdots, x_d)\, \mathrm{d}x_1 \mathrm{d}x_2 \cdots \mathrm{d}x_d$$

について，N 個の分点での数値積分 I_N を考える．

$$I_N = \frac{1}{N} \sum_{k=0}^{N-1} f\left(\left\{\frac{g_1}{N}k\right\}, \left\{\frac{g_2}{N}k\right\}, \cdots, \left\{\frac{g_d}{N}k\right\}\right)$$

$g_1, g_2, \ldots, g_d$ はきまった自然数で，$\{q\}$ は q の小数部分を示す記号である．たとえば $\left\{\frac{g_1}{N}k\right\}$ はこの計算結果の整数部分を捨てて小数部分のみをとる意味である．N 個の分点の場合，適当な g を決めれば超立方体の数値積分ができる．

　ここで I_N が I の良い近似であるためには次の制限がある．

(i) 関数 f は次のような絶対収束する d 次元フーリエ級数に展開できること，

$$f(x_1, x_2, \cdots, x_d) = \sum_{h_1=-\infty}^{\infty} \cdots \sum_{h_d=-\infty}^{\infty} c_{h_1 \cdots h_d} e^{2\pi i (h_1 x_1 + h_2 x_2 + \cdots + h_d x_d)}$$

および，

(ii) 上式のフーリエ係数 $c_{h_1 \cdots h_d}$ は次の不等式を満たすことである．

$$|c_{h_1 \cdots h_d}| \leq C \frac{1}{\left(\prod_{m=1}^{d} |h_m|\right)^{\lambda}}$$

ただし，上式の分母で $h_m = 0$ となるときは h_m を 1 で置き換えて計算する．(ii)

の条件はフーリエ係数が番号 h_m とともに減衰する速さを示す.

この数値積分において, N に応じた自然数の組 $\{g_1, g_2, \cdots, g_d\}$ をうまく選んだときの誤差は次式で評価される[73].

$$|I - I_N| \leqq C \times c(d, \lambda) \frac{(\log N)^{\lambda d}}{N^\lambda}$$

$c(d, \lambda)$ は, 次元数 d と (ii) の条件での減衰の速さを示す定数 λ のみに依存する正の定数である. これは λ が大きければ, つまりフーリエ係数の減衰が速ければ, 分点を増やすとともに誤差が小さくなることを示している. その誤差の小さくなる条件は, 超立方体 $[0,1]^d$ の中で $f(x_1, x_2, \cdots, x_d)$ のフーリエ係数の高周波成分が小さいことを意味するが, それが言えるためには $f(x_1, x_2, \cdots, x_d)$ を超立方体 $[0,1]^d$ の外側に拡張するとき, 境界でなるべく滑らかにつながる必要がある. しかし, 一般に関数 $f(x_1, x_2, \cdots, x_d)$ がそうなっているわけではないので, f を超立方体の境界でいったん高階の微分まで含めて急速に 0 に減衰するような関数に変換し, その後で数値積分 I_N を計算する. この目的を満足するために, 次の関数を使って変換する.

$$x_m = \phi_5(y_m) = \frac{11!}{5!5!} \int_0^{y_m} t^5 (1-t)^5 \, dt$$

この変換を行うと, はじめの超立方体 $[0,1]^d$ はそれ自身 $[0,1]^d$ に変換され, その積分は

$$I = \int_{[0,1]^d} f(\phi_5(y_1), \cdots, \phi_5(y_d)) \phi_5'(y_1), \cdots, \phi_5'(y_d) \, dy_1 \cdots dy_d$$

となる. $\phi_5(y_m)$ の微分は

$$\phi_5'(y_m) = \frac{11!}{5!5!} y_m^5 (1 - y_m)^5$$

だから $f(x_1, x_2, \cdots, x_d)$ が境界で特異な挙動をしないかぎり被積分関数は全体として少なくとも 4 回微分までは境界で 0 になり, 超立方体の外側に拡張してもなめらかにつながる[73]. この場合の $\phi_5(y_m)$ は次式で与えられている[71].

$$\phi_5(y_m) = y^6(-252y^5 + 1386y^4 - 3080y^3 + 3465y^2 - 1980y + 462)$$

森[72, p.205] の FORTRAN を参考に, 著者が具体的な下記の関数を対象とした

プログラムを二次元の Java に変更した．

$$I = \int_{[0,1]^d} f(x,y)\,\mathrm{d}x\mathrm{d}y = \int_{[0,1]^d} \frac{e^{xy}}{\sqrt{xy}}\,\mathrm{d}x\mathrm{d}y = 4.540419758842611$$

一般の分点数，たとえば 3000 点などの場合は第 13 章を参考に変更する必要がある．

---

[*]利用した Java プログラムは Web ページからダウンロードできる．
https://www.nippyo.co.jp/shop/book/7089.html

あとがき

　ロマネスコは"連山"とも呼ばれるカリフラワーの仲間である．上から見ると中心非対称な小さな円錐がらせん状に連なって山の形を作る．小さな個々の円錐の山をよく見ると，その表面はさらに小さな山状の突起がらせん状に連なっている．この小さな山状突起にはさらに小さな山が連なり，その連なりが小花で構成される．山の形は非対称なのに突起の数が対称に並ぶので，同じ形がないのに調和がとれ，複雑にして美しく見飽きない．この自己相似な形の見事なロマネスコをマンデルブロはフラクタルの説明に使う[76]．

　複雑さの程度の理解のために，マンデルブロは「イギリスの海岸線の長さはいくらか」と問う[42]．そして「自然の幾何学にはフラクタルの顔がある」と宣言する[54]．電子計算機(後のコンピュータ)はその誕生から 77 年，自然界の複雑さと形の理解に欠かせない．このコンピュータの利用によって見えるようになったことにカオスがある[77]．これは自然界の運動などの現象は未来永劫に渡って見渡せるのではなく，一般的には解けないことを示す[70, 4 章]．また，近藤が実証したタテジマキンチャクダイの縞の理解もコンピュータの性能向上が重要な決め手となっている[41]．第 13 章で紹介したように，視認を速める際にもその性能は欠くことができない．コンピュータの普及と性能向上で形の科学的理解が深まり，それに伴って「形態形成の科学的研究」[78]のプロジェクトも生まれ，『形の科学百科事典』[20]などにも結実している．

　1949 年，湯川秀樹に日本人としてはじめてノーベル物理学賞が授与された．それから感染症治療薬の開発に寄与した大村の 2015 年の受賞まで，後に外国籍を取得する者を含めて自然科学系で 21 人のノーベル賞受賞者がいる．「自然の探求，世界のなぞの究明を目指して幾多の傑出した人々」が努力した結果としての科学の成長に必要な「精神的大気」(ベルツ[79, p.238])がこの日本でも育ったように見える．それは寺田が X 線による回折動画を発見して以来，「測定によって，自然現象の中から，量的性質を抜き出す」(中谷[80, p.40])という科学の基

本が定着したことに他ならない．四季に明瞭な区別のある日本の自然は形が大変に豊かで美しい．それを調べ，形の理解を進めればその先に発見があり，誰でも科学の発展に寄与できるに違いない．

ノーベル物理学賞の李[1]が湯川と京都を訪れた際に同行した松田博嗣氏の会話を小川が引用している[81, p.79]．「李博士が『日本の庭園は西洋の庭園のように規則正しくできていません．でも，エントロピーはずいぶん低いように思います』といわれたことに，松田が『ちょうど，生物の体のようにですね』という言葉に，『ええ，まったく』とうなずかれたという」．ここには自然を調和で捉えるという表明がある．その自然の内実を知るには形の観察から始める必要がある．本書では，身近なヒマワリの観察からはじめて，そこで観測される連なりらせん数は多くがフィボナッチ数列のどれかになることを述べた．その数列の大きい数値の隣同士の比は黄金比に近づき，その比はどんな一般フィボナッチ数でも共通である．

黄金比は，古代ギリシャのパルテノン神殿や人体のさまざまな構造の比になっていて美しさに関係する，などと言われてもどうも腑に落ちない．これは少し検討する必要があるだろうとの思いで始まった仕事も10年を越えてしまった．この間の収穫は連なりらせんの構造と黄金比の解明および利用が少し見えるようになったにすぎない．本書をまとめる過程で，連なりらせん数をまちがいなく数える方法や自己相似矩形の折り方が見つかってきた．寺田は「自然の顔に教科書の文句は書いてない」という[82]．まとめることによって教科書に書かれていない文句が浮かんでくるにちがいない．形の科学を探求する過程で，一つひとつの謎を解明し，それら相互の関係の秩序を対象にすることによって，欠けている部分を見つけることができる．それはちょうど古生物学におけるミッシングリンクを見つける作業に似ている．本書ではパインサンプリングの統計的な意味など残した問題も多くあるが，それらは次の機会に譲りたい．ここで紹介した事項は黄金比の応用についてのほんの一端にすぎない．今後の研究と多くの発見が期待される．

---

[1] 中国系アメリカ人のノーベル物理学賞受賞者 (1957年).

参考文献

[1] 牧野富太郎著『改訂増補・牧野新日本植物図鑑』, 北隆館 (1989)
[2] 西山豊著『花びらの数理』, 数理科学, サイエンス社 (2004)
[3] Koriba, K.「東京帝国大学紀要 理科」v36 art3, pp.1–179 (1914)
http://repository.dl.itc.u-tokyo.ac.jp/dspace/handle/2261/32980
[4] 合田緑「右利き・左利きの謎」, 朝日新聞, 科学欄 (2013.10.28)
[5] 岡田吉美『蛋白質 核酸 酵素』, Vol.45, No.10, p.63–71 (2000)
[6] Brändén, C. I., Lindqvist, Y. and Schneider, G., *Acta Cryst.*, **B47**, 824–835 (1991)
[7] ワトソン, ジェームス・D. 著, 江上不二夫・中村桂子訳『二重らせん』, 講談社 (2014, 第 2 刷)
[8] Watson, J. D. and Crick, F. H. C., Molecular Structure of Nucleic Acids, *Nature*, **4356**, pp.737–738 (1953)
[9] 藤田ほか著, Taking the crystals out of X-ray crystallography, *Nature*, **495**, pp.461–466 (2013)
「結晶スポンジ法」: http://www.jst.go.jp/pdf/pc201309_fujita.pdf
[10] H. Ikeda & S. Omura, http://www.actino.jp/DigitalAtlas/subwin.cgi?target=8-5
[11] Jean, R.V., *Phyllotaxis*, Cambridge University Press (2009)
[12] たとえば北海道大学触媒科学研究所: http://polymer.cat.hokudai.ac.jp/research.html
[13] 幸田成康著『改訂 金属物理学序論』, 標準金属工学講座, コロナ社 (2000)
[14] Uchida, M., *et al.*, Real-Space Observation of Helical Spin Order, *Science*, **311**, pp.359–361 (2006)
[15] Nishikawa, S., *Proc. Tokyo Math-Phys. Soc.* VIII, pp.199–209 (1915)
[16] 桜井敏雄著『X 線結晶解析』裳華房 (1967)
[17] International Tables for Crystallography Vol.E (2002), IUCr.
[18] 山本幸一「フィボナッチ数物語」, 『数学セミナー』, pp.2–9 (1977 年 10 月号)
[19] Negishi, R. and Sekiguchi, K., Pixel-Filling by using Fibonacci Spiral, *FORMA*, **22**, pp.207–215 (2007)

[20] 形の科学会編集『形の科学百科事典』, 朝倉書店 (2013)
[21] 根岸利一郎ほか「黄金比を利用する画素充填」,『形の科学会誌』, **20**, pp.238–239 (2005)
[22] 中村滋著『フィボナッチ数の小宇宙』, 日本評論社 (2002)
[23] 根岸利一郎「身近な野菜葉序の実際と連なりらせん」, 日本フィボナッチ協会・第11回研究集会 (2013)
[24] 根岸利一郎ほか「フィボナッチ・スパイラルの画像処理技術への応用II」,『形の科学会誌』, **24**, pp.147–148 (2009)
[25] Sagan, H. 著, 鎌田清一郎訳『空間充填曲線とフラクタル』, シュプリンガーフェアラーク東京 (1998)
[26] 根岸利一郎ほか「フーリエ変換を利用して連なりらせん数を決める」,『形の科学会誌』, **29**, pp.154–155 (2014)
[27] Linden, F. M., Creating Phyllotaxis, the dislodgement model, *Math. Biosci.*, **100**, pp.161–199 (1990)
[28] 根岸利一郎ほか「重力の影響を受けるキャベツの葉」,『形の科学会誌』, **28**, p.171 (2013)
[29] Kitazawa, D., *et al.*, *PNAS*, **102**, pp.18742–18747 (2005)
[30] 西谷和彦著『植物の成長』, 裳華房 (2011)
[31] 本多久夫著『形の生物学』, NHK出版 (2010), 口絵ほか
[32] 近藤滋著『波紋と螺旋とフィボナッチ』, 秀潤社 (2013)
[33] 草場公邦著『数の不思議』, 講談社現代新書, 講談社 (1983)
[34] スチュアート, I. 著, 水谷淳訳『世界を変えた17の方程式』, ソフトバンククリエイティブ (2013), 2章
[35] 堀淳一著『エントロピーとは何か』講談社 (1979)
[36] 根岸利一郎ほか「ディスクレパンシーによる形の乱雑さの評価」,『形の科学会誌』, **25**, pp.192–193 (2010)
[37] Horibe, Y., An Entropy View of Fibonacci Trees, *The Fibonacci Quarterly*, **20**, pp.168–178 (1982)
[38] 堀部安一「黄金比とエントロピー」,『数理科学』, No.294, pp.62–65 (1987)
[39] シュレーディンガー, E. 著, 岡小天, 鎮目恭夫訳『生命とは何か』, 岩波新書 (1951), 第6章, 岩波文庫は2014年, 第14刷.
[40] Turing, A. M., The Chemical Basis of Morphogenesis, *Phil. Trans. R. Soc.*, **B237**, pp.37–72 (1952)

[41] Kondo, S., Asai, R., A reaction-diffusion wave on the skin of the marine angelfish Pomacanthus, *Nature*, **376**, pp.765–768 (1995)
[42] Mandelbrot. B., How Long Is the Coast of Britain?, *Science*, **156**, pp.636–638 (1967)
[43] 国土地理院 (2014), Web ページの白地図
[44] 高安秀樹著『新装版 フラクタル』, 朝倉書店 (2010)
[45] Horton, R. E., *Bull. Geol. Soc. Am.*, **56**, pp.275–370 (1945)
[46] Strahler, A. N., *Bull. Geol. Soc. Am.*, **63**, pp.117–142 (1952)
[47] 高木隆司著『形の数理』, 朝倉書店 (1992)
[48] 高木隆司「かたちの紙芝居」,『形の科学会誌』, **Vol.17**, No.1–18, No.3 (2002–03)
[49] 国土交通省 (2014), Web ページ関東地方整備局, 利根川流域図
[50] Ogawa, S., Extraction of Artificial Lakes in the Mojos Culture from Satellite Images, *Forma*, **27**, pp.77–82 (2012)
[51] Terada, T., *Sci. Papers I.P.C.R.*, The Institute of Physical and Chemical Research, (1931), 現 RIKEN Review
[52] 宇田川義夫著「フラクタル幾何学を応用した断層破砕帯評価に関する研究」, 千葉大学博士論文 (1996)
[53] 西脇智哉著, 東北大学, 学位論文など (2005)
[54] マンデルブロ, B. 著, 広中平祐訳『フラクタル幾何学』, ちくま学芸文庫 (2011), 16 (初版は同名で日経サイエンス社, 1984)
[55] たとえば R. A. ダンラップ著, 岩永恭雄, 松井講介訳『黄金比とフィボナッチ数』, 日本評論社 (2003)
[56] 芳賀和夫著『オリガミクス II——紙を折ったら, 数学が見えた』, 日本評論社 (2005)
[57] 芳賀和夫著『オリガミクス I——幾何図形折り紙』, 日本評論社 (1999)
[58] 伏見康治, 伏見満枝著『折り紙の幾何学』, 日本評論社 (1984)
[59] 太田研一ほか「液晶ディスプレイのしくみと動かし方」,『トランジスタ技術』, 2 月号, CQ 出版社 (2004)
[60] 根岸利一郎ほか「任意点数による擬似一様充填とその応用」,『形の科学会誌』, **26**, pp.229–230 (2011)
[61] 手塚集「超一様分布列の数理」,『計算統計 I』, 岩波書店 (2003)
[62] 井出剛「ドットパターン生成技術と光学系」,『月刊ディスプレイ』(2002)
[63] 菊田惺志 (2015):「X 線散乱と放射光科学」, http://webpark1275.sakura.ne.jp/ProfKikuta/

[64] パーカー, A. 著, 渡辺政隆, 今西康子訳,『眼の誕生』, 草思社 (2006)
[65] Anderson, P. G., *Computer Language*, No.3, pp.44–49 (1993), 日本語訳：C Magazine, No.6, pp.22–24 (1993)
[66] 根岸利一郎ほか「対象画像に応じた画素分散」,『形の科学会誌』, **27**, pp.39–40 (2012)
[67] チャンドラセカール, S. 著, 中村誠太郎監訳『チャンドラセカールの「プリンキピア」講義——一般読者のために』, 講談社 (1998)
[68] 九州大学理学部数学科「情報処理演習 III」資料 (2013), http://researchmap.jp/jon7epm3j-27951/
[69] Ekeland, Ivar., *The Best of All Possible Worlds*, The University of Chicago Press, Chicago (2006), p.84
[70] エクランド, I. 著, 南條郁子訳『数学は最善世界の夢を見るか ?』, みすず書房 (2009)
[71] 森正武, 室田一雄, 杉原正顕著『数値計算の基礎』, 岩波講座応用数学, 岩波書店 (1993)
[72] 森正武著『数値計算プログラミング』, 岩波コンピュータサイエンス, 岩波書店 (1987)
[73] 杉原正顕「数論的数値積分法」,『数理科学』, **238**, pp.31–37 (1983)
[74] Sloan, I. H., Joe, S., *Lattice Methods for Multiple Integration*, Oxford University Press, Oxford (1994), p.78
[75] 恩田直登「葉序と黄金比の関係について」, 私信 (2014)
[76] Mandelbrot, B：https://www.ted.com/talks/benoit_mandelbrot_fractals_the_art_of_roughness
[77] グリック, J. 著, 大貫昌子訳『カオス』, 新潮文庫 (1992, 初刷 1991)
[78] 高木隆司代表「形態形成の科学的研究」, 文部省科学研究費補助金, 総合研究 A 研究報告書 (1989)
[79] ベルツ, トク編, 菅沼竜太郎訳『ベルツの日記 (上)』, 岩波文庫 (2003, 第 7 刷) 1900 年 11 月 22 日, 日本在留 25 周年を記念する祝典にて
[80] 中谷宇吉郎著『科学の方法』, 岩波新書 (2001)(1958, 第 1 刷)
[81] 小川泰著『形の物理学』, 海鳴社 (1983)
[82] 寺田寅彦「津田青楓君の画と南画の芸術的価値」, 寺田寅彦全集, 第八巻, 岩波書店 (1997)(初出, 1918) 青空文庫：http://www.aozora.gr.jp/cards/000042/files/43280_23766.html

索　引

● アルファベット

DNA	7
RAND 関数	84
RNA	5
X 線回折	7, 11, 87
X 線回折像	7

● あ

アスペクト比	29, 94
アマゾン川	62
網戸	82
アヤメ	4
維管束	44
一様充填	27
一様性	23
一般フィボナッチ数列	10
遺伝子	39
犬吠埼	58
ウサギのつがい	18
ウロコ	25
液晶テレビ	76
エネルギー	10, 52
円座標	14, 111
円柱	26
エントロピー	48, 49
円盤状	14
黄金角	15
黄金長方形	10, 67
黄金比	10
オウム貝	48
オーキシン	38
親株	39, 40

● か

ガーベラ	4
カーボンナノチューブ	11
解析的	104, 105
回折	86
回折格子	86
開度	15
カオス	104
鹿島灘	58
画素配置	76
画素分散	96, 138
形の科学	142
カタツムリ	5
花弁	3, 4
釜石	58
カミソリ	44
河口湖	63
寒桜	3
干渉	82, 86
管状花	4
感染症治療薬	142
関東	3
キーウィ	4
記憶素子	11
期待値	20
気体分子	49
キャベツ	20
給水位置	43
球面表示	80
金鶏草	4
くい違い度	84
空間群	11

空間充填曲線	32	縞柄	82
空間対称性	87	シミュレーション	18, 24
空間分解能	93	写像	116
屈性	41	集合	105, 116
区分和	103	充填	15, 23
クリック	7	充填図	19, 37
クローン	39	自由度	49, 52
クロマツ	25	重力	38, 41
気仙沼	58	重力屈性	42
結晶構造解析	11	状態和	48, 49
結晶スポンジ法	8	植物ホルモン	38
結晶成長	11	シルバー長方形	66
原基	15, 36	シロツメクサ	10
高分子ポリマー	11	進化	5, 48
郡場	5	シンテッポウユリ	10
ゴールドコイン	4	水路法則	62, 126
コスモス	4	数値積分	104
小花	4, 8	数量化	58
コンクリート壁	64	スケール不変性	65
コンパス	58	ストレプトミセス・エバミティリス	8
		スピネル	11
●さ		スマホ	76
最確直線	60	スライサー	44
最小二乗法	60	セイタカアワダチソウ	21
サクラ	3	生命誕生	52
サボテン	5	積分可能	105
散逸構造	52	阻害因子	46
三体問題	105	側芽	39
サンプリング	32	素数	28, 96
三陸海岸	58		
自己集合	5	●た	
自己相似矩形	66, 128	ダーウィン	41
自己相似構造	61	対角線折り	73
自己相似条件	71, 129	太陽光	39
指数関数的	46	タテジマキンチャクダイ	52
磁性材料	11	タニシ	5
シダ	64	タバコモザイクウイルス	5
視認性	93	多様性	52

タンパク質	7
超立方体	139
調和	48, 52
連なりらせん	8, 12
ディジタル	82
ディスクレパンシー	134
寺田寅彦	87
点充填	27, 132
点濃度	50, 51
頭状花	12, 15
トゲ	5
時計回り	12, 38
利根川水系	62
トルイジン・ブルー	44
トンネル掘削	64

● な

ナイル川	62
流れ構造	62
西川正治	87
二重らせん	7
日本フィボナッチ協会	10
ネジバナ	5
熱力学	48
根の切断	43
ノーベル生理学・医学賞	8

● は

パイナップル	5
パインサンプリング	89, 136
パイン充填	27
パイン配置	32, 76
芳賀定理	69
ハクサイ	20
波数	34
ばらつき	22
反時計回り	38
反応拡散方程式	52

非可積分	105
ピクセル	76
被子植物	12, 25
非整数	61
日立港	58
非等間隔	77
非平衡定常状態	52
ヒマラヤザクラ	3
ヒマワリ	4
ヒマワリ配置	77
ヒマワリらせん	14
ヒメイワダレソウ	10
評価指標	48
標準偏差	23
頻度	34
フィボナッチ角	15
フィボナッチ協会	10
フィボナッチ格子	106
フィボナッチ数列	10
フーリエ級数	139
フーリエ係数	120, 140
フーリエ変換	33
不確かさ	48
フラーレン	4
ブラウン管	76
フラクタル	58
フラクタル幾何学	64
フラクタル次元	61
ブロッコリー	20
分岐比	126
分散化表示	94
分度器	20
平均距離	30, 31
ペルー	63
偏角	14, 15
変動幅	32
放線菌	8
ホートンの法則	62

鉾田	58
ボックスカウンティング法	60
ポリプロピレン板	43

●ま

巻貝	5
松カサ	5, 25
マツバギク	4
マヤ文明	64
マンデルブロ	58
ミッシングリンク	143
ミツバチ	10
宮古	58
無秩序	10, 52
紫ツユクサ	3
無理数	22
メタセコイア	64
モアレ縞	82
最も自然な数	52
モデリング	94

●や

矢車草	4
谷中湖	63
山折り	74
ユークリッドの互除法	118
有理数	22, 23
優良格子点法	106
ユリ	4
葉序	20, 39
葉序形成	38
葉脈	20, 62

●ら

ラウエ	87
ラジアン単位	111
らせん	3
らせん構成点	76
らせん磁気秩序	11
らせん状	5
らせん対称性	11
らせん転位	11
らせん葉序	20, 44
ランダムサンプリング	50, 51, 136
ランダム配置	84, 89
離散フーリエ変換	33
リブロースビスリン酸カルボキシラーゼ	7
流域水路	62
両対数グラフ	60
鱗片	5, 25
鱗片配置	26
ルカ数列	10
レイトレーシング	94
レタス	20
レンダリング	94
連分数	118
老朽化	64
ロシアヒマワリ	12
ロマネスコ	64

●わ

ワトソン	7

根岸利一郎(ねぎし・りいちろう)

略歴
1946年　埼玉県に生まれる．
1971年　東海大学大学院理学研究科修士課程修了．理学修士．
1998年　東京大学大学院工学研究科，論文博士(工学)．
現　在　埼玉工業大学先端科学研究所 客員研究員．神奈川大学非常勤講師．

著書
『ファイル設計基礎概論』(共著，オーム社)
『ソフトウェア基礎概論』(共著，オーム社)

ひまわりの黄金比──形の科学への入門
2016年4月20日　第1版第1刷発行

著　者	根岸　利一郎
発行者	串崎　浩
発行所	株式会社　日本評論社
	〒170-8474 東京都豊島区南大塚3-12-4
	電話　(03) 3987-8621 [販売]
	(03) 3987-8599 [編集]
印　刷	三美印刷
製　本	井上製本所
装　幀	山田信也(スタジオ・ポット)

ⓒ Riichirou Negishi 2016　　　Printed in Japan
ISBN978-4-535-78804-6

[JCOPY]〈(社) 出版者著作権管理機構 委託出版物〉
本書の無断複写は著作権法上での例外を除き禁じられています．複写される場合は，そのつど事前に，(社) 出版者著作権管理機構(電話 03-3513-6969, FAX 03-3513-6979, e-mail : info@jcopy.or.jp)の許諾を得てください．また，本書を代行業者等の第三者に依頼してスキャニング等の行為によりデジタル化することは，個人の家庭内の利用であっても，一切認められておりません．

黄金比の眠るほこら
算額探訪から広がる数学の風景
五輪教一[著]　　　　　　　　◆本体1,800円+税

江戸・明治の数学絵馬「算額」に記されたさまざまな問題。その先に広がる奥深い数学を、奉納者とその時代に思いを馳せながら味わう。

すごいぞ折り紙
折り紙の発想で幾何を楽しむ
阿部 恒[著]

初等幾何では不可能な角の三等分問題を折り紙で折ると可能になる(著者の発見)。紙は2次元の世界だが折ると3次元になり、そのすばらしさと可能性は無限に広がる。「折り紙ユークリッド幾何学」の世界への夢。
◆本体1,200円+税

すごいぞ折り紙［入門編］
折り紙の発想で幾何を楽しむ
阿部 恒[著]

折り紙をとおして、幾何をパズルのような実験で楽しめる。折り紙の発想で、考えるおもしろさが身につく。リクエストにお応えして入門編刊行。
◆本体1,400円+税

すごいぞ折り紙2
折り紙の発想で幾何を楽しむ
阿部 恒[著]

折り紙に幾何の発想を入れることで、折りの工程はスムーズで簡潔なものになる。中学入試の問題も折り紙で簡単に解ける！
◆本体1,400円+税

ドクター・ハルの
折り紙数学教室
トーマス・ハル[著]　羽鳥公士郎[訳]

折り紙を使った数学の講義で高校生・大学生を魅了してきたハル博士が、その授業内容を惜しみなく公開！◆折り紙数学の入門書。折り紙と数学のさまざまな関係を知りたい方に◆授業での扱い方も説明。わくわくする授業をしたい数学教師の方に◆作品の作り方も多数収録！◆本体3,800円+税

日本評論社
http://www.nippyo.co.jp/